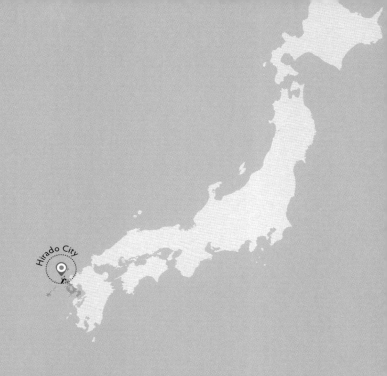

이 책의 출판으로 인해 우리 시의 고향납세 담당
직원으로부터 "시장님, 우리의 영업비밀이 새어나
갈 수 있어요"라는 비판을 받을 수도 있지만, 이것
역시 우리 시와 제도를 널리 알리는 홍보수단이 되고
고향납세와 답례품에 관계된 모든 분들을 격려하는
응원가가 됐으면 좋겠습니다. (저자 서문 중에서)

고 향 기 부 금 의   기 적

히라도市는
어떻게
일본 최고가
됐나

고 향 기 부 금 의   기 적

히라도市는
어떻게
일본 최고가
됐나

平戸市はなぜ、
ふるさと納税で日本一になれたのか？

구로다 나루히코 지음 · 김응규 옮김

농민신문사

'고향납세 전국시대'가 도래했다고 해도 과언이 아닙니다

"시장님, 드디어 14억 엔이 넘었습니다!"

2015년 3월 7일, 고향납세제도를 담당하는 구로세 게이스케黑瀬啓介 직원에게 보고를 받고 깜짝 놀랐습니다. 그동안 TV 방송에서 히라도시의 고향납세가 자주 소개되는 것을 볼 때마다 한편으로는 '어쩌면 더 늘어날지도 모른다'고 기대했던 터라 마음속으로 너무 기뻤습니다.

그러던 중 페이스북에 올라온 글 가운데 "히라도시의 고향납세 기부액이 일본 제일이라는 결과만 들리는데 추진 과정과 효과, 그리고 힘든 점 등 그 이면을 알고 싶다"는 목소리가 있었습니다. 그래서 고향납세제도가 단순히 기부액 쟁탈 경쟁에 그치지 않고, 마을 가꾸기나 지방 활성화 차원의 산업정책, 지역진흥책이 될 수 있다는 점을 기록으로 남겨두고 싶다는 생각을 하게 됐습니다.

고향납세제도는 스가 요시히데菅義偉 전 총리가 제1차 아베 내각 총무대신이었던 당시 담당했던 정책입니다. 현재는 대부분의 지자체가 실시 중이어서 보편화된 제도입니다. 이런 상황에서 '히라도시'라는 지자체가 이 제도에 대해 새삼스레 언급하는 것이 왠지 조심스럽기도 합니다. 하지만 히라도 자체적으로 추진한 내용을 기록하고 앞으로의 과제 등도 짚어봄으로써 고향납세제도가 지방 활성화 대책으로, 혹은 인구 감소 대책으로 정말로 유용한지를 들여다보고 싶습니다.

다 아시겠지만 확인차 다시 말씀드리면, 히라도시가 처음부터 '일본 제일'이 될 것으로 예측하고 추진한 것은 아닙니다. 히라도시의 직원들은 물론이고 많은 분들의 지원과 참여로 이뤄진 결과이자, 여러 계층의 호응으로 쌓아 올린 기적인 것입니다.

제1장에서는 히라도시의 지리적 여건과 역사에 대해 살펴보고, 지금까지의 발전 과정과 인구 감소 등의 과제도 함께 제시해 지자체의 고민을 공유하고자 합니다.

제2장에서는 히라도시의 고향납세 답례품인 농림수산품을 소개합니다. 히라도시의 고향납세 기부액이 일본 제일이 된 것에 대해 히라도시를 잘 모르는 분들은 "히라도는 먹을거리가 풍부하기 때문일 거예요"라고 짐작할지 모릅니다. 그러나 실제로는 그렇게 으스대며 자랑할 만한 생산체제를 갖추고 있지 않습니다. 분명히 말할 수 있는 건, 농림수산품의 종류는

많지만 이들 상품을 전국에 폭넓게 공급할 수 있는 대규모 생산체제는 없다는 것입니다. 그래서 소위 '브랜드화'라는 전략도 마음먹은 대로 추진할 수 없을 정도였습니다. 즉, 고향납세제도에 제대로 대응하기 어려울 정도로 전국 어디에서도 찾아볼 수 없는 영세한 생산구조에 불과했습니다. 이 밖에도 다양한 과제와 함께 그 실태를 다뤄봅니다.

제3장에서는 일본 제일의 추진력을 자랑하며 스가 전 총리로부터 '카리스마 직원'으로 칭찬받았던 고향납세 담당 직원 구로세 게이스케 씨가 등장합니다. 대부분을 혼자서 생각하고 행동에 옮겨온 그의 남다른 재능과 열정적인 향토애를 소개합니다.

아울러 히라도시가 고향납세에서 일본 제일의 실적을 내기 위해 최우선적으로 추진한 지역 물산 전략도 제시합니다.

히라도시는 기존의 지역 물산 체계에서 '브랜드화' 방정식으로는 도저히 성립할 수 없는 불리한 조건을 지녔습니다. 그러나 발상의 전환을 통해 '지역 이름으로 물건을 만들어 판다'라는 기본 인식을 확고히 했습니다. 이러한 인식하에 후쿠오카 도시권과 관서·관동권으로 판로를 확장시켜나갔습니다. 판로 확장을 위한 지역 물산 담당 직원과 시민들의 노력을 '10가지 전략'으로 정리해봤습니다.

제4장에서는 그러한 전략과 고향납세가 생산 현장에서 기여한 효과

를 살펴봤습니다. 기부액 실적과 답례품 주문 증가로 생산 현장에서는 횡적 연대가 활발해지고 다양한 아이디어도 나왔습니다. 바쁘면 바쁠수록 모두가 지혜를 짜내고 힘을 하나로 모아 한 단계 더 발전을 이뤄냈습니다. 그리고 주문접수 체계와 산업진흥을 포함해 배송 관련 운송회사와의 연계 등도 이야기합니다.

제5장에서는 히라도시의 고향납세가 전국적인 스타덤에 오르는 과정에서 미디어 대책이 얼마나 중요한지를 다뤘습니다. 여기에는 기존의 TV나 신문뿐 아니라 인터넷에 의한 사회관계망서비스(SNS) 활용 등도 포함됩니다. 이로 인해 만들어진 종적·횡적·사선의 연결고리가 고향납세 확장에 한층 더 박차를 가하게 했습니다.

제6장에서는 고향납세 실적을 어떻게 활용했는지 알아봅니다. 돈(기부금)을 모으는 것만으로는 아무런 의미가 없습니다. 일반적으로 '세금'이라는 것은 '사용처'에 따라 납세자의 찬성을 얻어낼 수도 있다고 생각합니다. 이런 의미에서 히라도시가 2015년에 추진한 사업 등을 소개하고, 향후 히라도시의 활성화 대책을 설명합니다.

마지막으로 제7장에서는 히라도시 고향납세가 일본 제일이 되면서 구체적으로 어떠한 변화가 나타났는지 소개합니다. 당연한 이야기지만, 생산자의 의욕과 시민의 의식 개혁에 커다란 영향을 줬습니다. 전국적으로 언론의 주목도 많이 받았습니다. 특히 지자체의 인구 감소라는 커다란 과제 해결 측면에서, 관광 전략과 이주·정주 대책에 어떠한 효과가 기대되는지 의견을 제시했습니다.

2015년도부터 고향납세제도는 공제한도액이 약 2배로 확대됐습니다. 또 회사원 모두에게 소득확정신고의 번거로움이 생략되고 지자체 간에 작업을 대행하도록 바뀌었습니다. 점점 편리해지고 경제적으로 이득이 생기면서 전국의 지자체에서 히라도시와 같은 모델을 도입하는 경우도 나왔습니다. 그야말로 '고향납세 전국시대'가 도래했다고 해도 과언이 아닙니다.

이런 점에서 볼 때 이 책의 출판으로 인해 구로세 게이스케 직원으로부터 "시장님, 우리의 영업비밀이 새어나갈 수도 있어요"라는 비판을 받을 수도 있지만, 이것 역시 우리 시와 제도를 널리 알리는 홍보수단이 되고 고향납세와 답례품에 관계된 모든 분들을 격려하는 응원가가 됐으면 좋겠습니다.

국가중요문화재인 다비라 천주당

히라도시의
고향납세
답 례 품

나가사키현長崎県 히라도시平戸市의 답례품은 생산자의 마음과 정성이 가득 담긴 양질의 상품만으로 구성돼 있다. 그 종류도 수산물과 조개류·육류·채소·가공품 등 다양하고 흥미로운 것들이 많다. 대부분의 답례품은 기부금 1만 엔 정도면 받을 수 있는데, 몇 개의 상품을 조합하거나 답례품 포인트를 모아 더 멋진 고급 상품으로 받는 것도 가능하다.

히라도대교

히라도세토 이야기
부채새우(3~4마리), 소라(3~5개), 참굴(1kg)
or 석화(2개) or 보라주머니가리비(4개)
※인기 상품이어서 발송까지 시간이 걸림

히라도 황금 참복
히라도 황금 참복(1~2마리, 약 1kg)
※껍질·지느러미 포함
※복 조리면허자가 조리한 것임

히라도 유일의 양돈장에서 생산한
히라도 돼지고기
히라도 돈로스(약 150g×4장),
히라도 돈어깨살로스(200g 샤부샤부용)

제철 히라도 말린 생선 모둠
하룻밤 말린 오징어, 전갱이, 고등어,
옥돔, 꼬치고기와 미림으로 간을 해
말린 고등어 등 모두 12마리 정도,
하룻밤 말린 날치 5마리, 날치 소금

최고급 고래고기 세트
고래사시미(꼬리살, 100g),
유데우네 슬라이스(베이컨 50g),
특선 베이컨 슬라이스(50g),
하구히로 슬라이스(소장 50g)

히라도 맛 비교 7점 세트
날치 가마보코(어묵) 5개,
매퉁이 가마보코 5개,
전갱이 가마보코 5개,
날치 튀긴 어묵 5개,
매퉁이 튀긴 어묵 5개,
전갱이 튀긴 어묵 5개,
아루마도 2개

히라도 지방 생선 모음
히라도 지방 생선(4인분)
※어획량과 계절에 따라
내용물이 바뀜

특선 히라도 와규和牛
특선 히라도 와규 등심 스테이크
(약 200g×2장)

히라도 방어·도미

히라도 나쓰카夏香 방어(반토막,
약 1.5 kg)와 도미 반토막 등
※ 내장을 빼낸 후 출하

히라도산 유기 표고버섯 재배 세트

유기 표고버섯균상 1개
(약 1kg, 재배 매뉴얼 포함),
유기재배 표고버섯(약 300g),
유기재배 목이버섯(약 100g)

행복 세트

플레인(소금) 맛 1봉지(100g),
그린오일 맛 1봉지(80g),
일본풍(간장) 맛(80g),
문어 훈제 1봉지(80g)

바다가 보이는 과수원의 선물

통째로 짠 나쓰카夏香 주스(500㎖),
사야가爽夏 주스(500㎖),
나쓰카 마멀레이드(140g), 유자차(140g)

히라도산 밀빵 세트
통밀 식빵 1근, 호텔 바게트 1개,
치아바타세사미 1개, 채소포카치아,
클래식 베이글(각 2개)

**지역산 채소와
과일 오마카세 세트**
(4~6월의 예) 양배추, 무,
아스파라거스, 가지, 순무,
미니토마토, 삶은 죽순,
딸기, 긴쇼멜론 등

**히라도 계단식 논에서
재배된 쌀**
히라도 계단식 논 쌀(1홉×6팩)
※무세미無洗米

차례

Part 01

히라도시의
지리적 여건과 역사

나가사키현 서북부에 위치하며
규슈 본토 일부와 외딴섬을 포함 ──────────

나가사키현 히라도시는 일본에서 육로(외딴섬 제외)로 갈 수 있는 가
장 서쪽에 위치합니다. 규슈 본토의 일부와 히라도지마·이키쓰키시
마·아즈치오시마 등 크고 작은 대략 40개의 섬으로 이뤄져 있습니다.
총면적은 235.63㎢(도쿄 전철 야마노테선 내측 면적의 약 3.7배)로,
이 중 사이카이국립공원 구역이 48.5㎢를 차지하는 웅대한 자연경관
으로 둘러싸인 지역입니다.

히라도시의 섬들 중 히라도지마는 시에서 가장 면적이 넓으며, 남
북으로 약 45㎞의 가늘고 긴 섬입니다. 해안선은 복잡하게 얽혀 있으
며, 중앙부에는 최고봉(534m)인 야스만다케산을 비롯해 주변의 바다
와 섬들을 조망할 수 있는 대초원의 가와치고개가 있습니다. 그리고
고대사에 등장하는 진구코고神功皇后의 동생인 도키 와케노미코十城別王
를 모시는 신령스러운 영산인 시지키산(347m) 등 다이내믹한 경승지

가 여럿 존재합니다.

히라도지마와 규슈 본토를 연결하는 히라도대교는 1977년에 개통해 히라도의 상징이 됐습니다. 다비라田平 지구는 옛날부터 번성해 야요이시대(弥生時代·2300년 전~1700년 전)의 사적이 남아 있는 구릉지대로, 밭이 쫙 펼쳐져 있는 농업지역입니다. 동쪽은 마쓰우라시松浦市와 인접하며 사가현佐賀県을 거쳐 후쿠오카현福岡県으로 연결되고, 남쪽은 사세보시佐世保市에 접해 있으며, 나가사키 공항과 나가사키시로 나가는 관문입니다.

또 히라도지마와 1991년 이키쓰키대교 개통으로 인해 육지와 연결된 이키쓰키시마는 잠복潜伏그리스도교(에도막부가 금교령으로 그리스도교를 탄압한 후에도 숨어서 몰래 신앙을 계승해온 것을 말함·옮긴이)의 섬으로 유명한 성지이고, 에도시대(江戸時代·1603~1868년)에 일본 제일의 규모를 자랑하는 서해 고래잡이 기지로 번성했습니다. 섬 자체는 바이올린 형태인데, 생활구역은 섬의 동쪽 지역에 집중됐고 서쪽에는 깎아지른 절벽이 연속해 있습니다. 절벽과 해안선을 따라 지나가는 길은 '선셋 웨이(sunset way)'로 불립니다. 이곳은 신호등·광고간판 등이 없어 장소를 특정할 수 없는 무국적풍의 박력 있는 대자연을 만끽할 수 있기 때문에 많은 자동차 업체의 광고 영상 무대로 등장하곤 합니다. 이 밖에도 히라도 공항에서 정기 페리선을 타고 약 30분 거리에 다쿠시마, 약 40분 거리에는 아즈치오시마라는 섬이 자리합니다. 두 곳 모두 역

사와 웅대한 자연을 지니고 있으며, 풍부한 해양자원으로 삶을 영위하는 어업 집락(취락)이 산재해 있습니다.

　히라도시 주변 해역은 규슈 북부와 이키해협의 남쪽에 위치하고, 겐카이나다해역에서 고토열도로 이어지는 넓은 바다로 둘러싸여 있습니다. 연간 200종 이상의 수산물과 조개류를 어획할 수 있는 풍요로운 어장으로 수산 관계자들에게 널리 알려진 곳이기도 합니다.

일반적으로 히라도의 지명도는 '히라도라는 이름을 들어본 적은 있는데, 어디에 있지?'라는 정도에 불과합니다. 나이가 든 분들 가운데는 예전에 신혼여행이나 수학여행으로 다녀간 적이 있을 거라는 생각이 들지만, 젊은 세대에게는 그다지 알려지지 않은 곳입니다. 그 이유는 규슈의 게이트웨이인 후쿠오카시에서 차로 2시간 이상, 나가사키 공항에서도 1시간 30분 이상 걸리기 때문에 찾는 이들이 적습니다. 게다가 철도를 이용할 경우 규슈 하카타博多나 나가사키에서 일본 가장 서쪽 끝의 '다비라 히라도 입구'역까지 3시간 넘게 소요되는 교통의 불편함 때문일지도 모릅니다. 히라도는 소위 '후쿠오카 경제권'과 '나가사키 경제권'의 골짜기에 해당하는 과소지역입니다.

또 지형적으로 평야지대가 적고 수자원이 부족한 곳도 많아 기업 유치가 쉽지 않습니다. 고속도로망과 수자원, 대용량 통신망 등 기본 인프라 정비 상태는 기업의 지방 진출에 있어 중요한 조건입니다. 히라도시는 이들 조건을 충족시킬 수 없었습니다. 따라서 그동안 제조업 등의 기업 유치를 실현할 수 없었고, 고용 확보 면에서도 다른 지자체에 뒤처져 있었습니다.

주변이 바다로 둘러싸여
외국과의 교역 관문으로 번성 _____

현대 생활에서는 자동차나 철도를 이용하지 않고는 이동이 쉽지 않습니다. 그러나 역사적으로 볼 때 에도시대 이전엔 배를 이용한 이동이 주를 이뤘고, 장거리 대량 수송에도 배가 뛰어난 교통수단이었습니다. 이런 점에서 주위가 바다로 둘러싸인 히라도의 경우 집락 간이나 지역 간에 배에 의한 자유로운 이동과 운송이 이뤄진 것은 상상하기 어렵지 않을 것입니다. 또 히라도시를 포함한 나가사키현은 대륙과의 교역 관문으로 크게 번성했던 시대도 있었습니다.

　2015년 3월, 오이타시大分市에서 '사비에르 서밋'이 개최됐습니다. 이 서밋은 16세기 일본에 그리스도교를 전파한 스페인 선교사 프란시스코 사비에르의 위업을 기리고, 지자체가 제휴해 그의 자취와 역사적 가치를 공유하는 이벤트입니다. 멤버는 가고시마시鹿児島市·오이타시·야마구치시山口市·사카이시堺市와 히라도시 등 5개 지자체입니다. 히라도시를 제외한 다른 지자체는 모두 현청 소재지이거나 인구가 50만 명 이상 되는 정령지정도시政令指定都市에 해당합니다. 서밋에 참석한 1,000명 이상의 청중은 '왜 히라도시가?' '가고시마에 도착한 사비에르가 왜 히라도에?'라는 의문을 가졌을 거라고 생각합니다. 저도 히라도 시장으로서 인사말을 하면서 "오늘날에는 하네다 공항과 나리타 공항이 일본 국제선의 주요한 공항이지만, 당시는 가고시마항과 히라도항이 공항에 필적하는 주요한 해외 무역항이었습니다. 이런 점을 고려하면 오늘날 히라도시가 다른 지자체와 어깨를 나란히 하며 이 서밋에 참석한 것이 어느 정도 이해되실 겁니다"라고 설명했습니다. 이처럼 외국과의 교역을 담당하던 곳이 바로 히라도입니다.

역사 교과서에 아즈치모모야마시대(安土桃山時代·1573~1603년)의 교역에 관한 내용이 나옵니다. 실제로 히라도는 대륙과의 교역 창구로서 역사가 상당히 오래됐고, 일본이 당에 파견한 사절 겐토시遣唐使가 배를 타고 출항한 항구도 히라도였습니다. 또 헤이안시대(平安時代·794~1185년)에는 홍법대사 구카이空海가 히라도의 북부항을 출발해 당으로 향했다고 전해집니다. 이를 기념해 히라도시 북부에 위치한 다노우라 언덕에 '도토 다이시조渡唐大師像'라는 16m나 되는 일본에서 가장 큰 석상이 서 있습니다. 이 밖에도 구카이가 휴식을 취했다는 '돌의자'와 겐토시선遣唐使船이 출항의 밧줄을 풀었다고 전해지는 '카이란의 땅' 등의 유적이 존재합니다.

특히 가마쿠라 불교를 꽃피운 일본 임제종의 개조開祖인 에이사이栄西 선사禪師가 송나라에서 1191년 귀국할 때, 히라도 아시노우라(葦の浦·지금의 후루에만)에 상륙했습니다. 당시 이 땅을 관장하던 기요타카淸貴

가 맞이했는데, 그때 에이사이를 위해 만든 도장道場은 일본 최초 선종禪宗의 사원이 됐고 '후슌안富春庵'이라 이름 지어졌습니다. 1965년 당시 번주藩主였던 마쓰라 다카시松浦棟가 류토잔龍燈山 센코지千光寺로 다시 일으켜 현재에 이르고 있습니다. 또 에이사이는 저서 『끽다양생기喫茶養生記·깃사요죠키』에서 차의 효용을 설명하고 음용법을 전하는 등 일본 차 문화의 초석을 다졌습니다. 그리고 그 시절 송나라에서 가져온 차의 열매를 뿌린 일본 최초의 다원인 '후슌엔富春園'과 최초로 좌선을 했다는 '자젠세키座禅石'는 히라도시 후루에만과 접한 높은 언덕에 위치하며 현재도 관광 사적으로 알려져 있습니다.

원래 이 땅을 다스렸던 마쓰라 가문은 사가 덴노嵯峨天皇 제18황자皇子 좌대신左大臣 미나모토 도오루源融를 시조로 하고, 오사카 셋쓰시摂津市에 거주하는 와타나베 쓰나渡辺綱를 제5대로 합니다. 그리고 헤이안시대 말기 제8대 마쓰라 히사시(松浦久·1064~1148년)를 필두로 이 일대를 지배하며 대륙과의 교류를 통해 번성 기반을 만듭니다.

특히 16세기 명나라 무역 상인으로 오봉五峰·고호이라는 호를 지닌 왕직王直·오초쿠은 1540년 중국 남부로부터 고토열도에 상륙했고, 1542년에 히라도로 옮겨와 명과 고토열도·히라도를 잇는 경로의 항해 안내인으로 활약하면서 무역을 통해 부귀영화를 누립니다. 또 그 지배하에 있던 정지룡(鄭芝龍·데이시류·1604~1661년)은 히라도와의 소통 창구가 됨으로써 지역 의사인 다가와 시치자에몽田川七左衛門의 딸 마쓰와 결혼합니다. 그리고 나중에 명의 관료로서 동아시아의 영웅이 된 정성공鄭成功·데이세이코이 히라도 땅에서 태어나게 됩니다. 지금도 히라도시와 중국 푸젠성 난안시(정지룡의 고향), 타이완 타이난시(정성공이 임종한 곳)는 계속 교류 중입니다. 매년 7월에 중국의 나가사키 주재 총영사와 대만의 주요 인사를 비롯한 정성공의 자손들로 조직된 세계정鄭씨 종친회 사람들을 초대해 정성공 탄생 축제를 성대하게 개최하고 있습니다.

15세기에서 17세기에 걸쳐 유럽인들의 신항로 개척이나 신대륙 발견이 활발하던 대항해시대에는 포르투갈과 스페인도 일본을 겨냥해 히라도 항구에 머물렀는데, 나중에 나가사키항으로 교역 기능이 옮겨갑니다. 당시 번주였던 마쓰라 다카노부松浦隆信는 무역 권익을 유지하기 위해 네덜란드·영국과의 교역을 활발히 추진합니다. 그 결과 히라도에는 무역 거점이 되는 일본의 첫 네덜란드 상관商館과 영국 상관이 설치됩니다.

이 무렵 영국과 일본의 관계에 커다란 공헌을 한 항해사 미우라 안진(三浦按針·윌리엄 애덤스·1564~1620년)의 묘가 히라도항이 내려다보이는 높은 언덕에 남아 있습니다. 미우라 안진은 도쿠가와 이에야스德川家康의 외교 고문으로 활약했는데, 도쿠가와가 죽은 후 막부幕府·바쿠후시대의 쇄국정책으로 인해 불운하게 히라도에서 막을 내립니다. 매년 5월 마지막 주 일요일에는 영국 총영사와 네덜란드 총영사가 초대된 가운데 '안진 추모제'가 열립니다.

도요토미 히데요시豊臣秀吉에 의한 '신부 추방령'과 도쿠가와 막부 시절 포르투갈인의 활동을 나가사키 데지마(出島·나가사키에 지어진 인공 섬-옮긴이)로 제한한 영향으로 히라도의 교역은 폐쇄됩니다. 혹독한 그리스도교의 탄압으로 순교하는 신도도 많았기에 슬픈 역사의 흔적을 간직하고 있습니다.

그리고 마지막까지 무역 거점이 됐던 네덜란드 상관이 1641년 나가사키 데지마로 이전하면서 매력적인 무역 권익을 잃어버린 히라도는 내정개혁을 추진합니다. 밭을 새롭게 개간하는 신전新田의 개발과 새로운 상인의 유치, 농민 보호·육성과 포경업의 진흥 등으로 재건을 시도했습니다. 현재의 나가사키현 사세보시 중심가와 하우스텐보스(네덜란드어 Huis Ten Bosch)가 있는 하리오지마 간척지는 에도시대 히라도번에 의해 완성된 개발사업 흔적입니다.

재정 재건에 커다란 실적을 올린 인물은 마쓰라 가문 34대·9대 번주인 마쓰라 기요시松浦清입니다. 기요시는 저서로 『갑자야화甲子夜話·갓시야와』라는 대작을 남겼는데, 지금도 에도 시기의 중요한 문헌이자 다양한 시대소설 가운데 참고해야 할 기본 사료로 알려져 있습니다. 또 1783년에 번의 학교였던 '유신관'을 현재 히라도 소학교가 있는 자리에 세워, 친하게 지내던 사토 잇사이佐藤一齊를 비롯한 주요 학자를 초청해 인재 육성에 나섰습니다. '덴포天保의 기근(1833~1839년)'

시기에는 재정을 담당했던 하야마 사나이葉山佐內도 유신관에서 선생으로 후진 양성을 맡았습니다. 막부 말기 역사에 꼭 등장하는 요시다 쇼인吉田松陰도 하야마 사나이와 야마가류 병법학파에게 배우기 위해 히라도를 방문했습니다.

마쓰라 가문은 대대로 왕을 숭상하는 존왕 사상을 이어받았습니다. 마쓰라 기요시의 딸 나카야마 아이코中山愛子가 메이지 덴노의 외조모라는 인척 관계 때문에 1868년 무진년 전쟁이 일어나자 관군 측에 참전했습니다. 가쿠노다테(角館·지금의 아키타현 센보쿠시) 전쟁에는 402명을 파견해 이 중 전사자 15명, 부상자 27명, 행방불명 2명이라는 희생자를 낳았습니다.

1869년에는 마쓰라 가문 37대로 최후의 번주였던 마쓰라 아키라松浦詮가 한세키 호칸(版籍奉還·메이지유신의 일환으로 전국의 번이 소유하고 있는 토지와 사람을 조정에 반환하는 정치 개혁-옮긴이) 실시와 동시에 히라도번의 지사로 취임합니다. 그러다가 1871년 메이지 신정부가 중앙집권을 강화하기 위해 번을 없애고 지금의 현県으로 통일함에 따라 히라도번은 나가사키현에 병합됩니다. 그 후 1888년 시市·정町·촌村 제도의 시행과 1950년대의 쇼와昭和 대합병, 2005년 헤이세이平成 대합병을 거쳐 현재에 이릅니다. 마쓰라 가문은 현재 제41대 호주인 마쓰라 아키라松浦章에 의해 계승됩니다. 그는 재단법인 마쓰라사료박물관 이사장과 히라도 네덜란드 상관의 지정관리자로서, 또 부케사도(武家茶道·에도시대 이후 주로 무인 사회에서 행해진 차 문화를 말함-옮긴이) '친신류鎭信流'의 종가로서 모든 기회를 활용해 히라도시의 문화활동과 역사연구 등에 전력을 다하고 있습니다.

현재 히라도 시가지와 농촌 풍경 등은 경관조례에 의해 보전되고 있습니다. 태평양전쟁 때는 나가사키시 원자폭탄 투하와 사세보 공습 등 히라도 인근 지역이 대규모로 처참한 공격을 받았습니다. 하지만 히라도시는 그러한 피해를 받지 않아 에도시대부터 전해지는 사찰과 유적지가 예전 그대로 남아 있습니다.

오늘날까지 전해지는
그리스도교 문화

2016년 터키 이스탄불에서 개최된 세계유산회의에 등록추천을 한 '나가사키 교회군群과 그리스도교 관련 유산'은 나가사키현과 구마모토현熊本県에 있는 14개의 관련 유산으로 구성돼 있습니다. 이 중요 유산은 16세기부터 19세기에 걸친 '전파와 번영' '탄압과 잠복' '부활'이라는 세 가지 스토리와 관련돼 있습니다. 이 가운데 히라도

나카에노시마中江ノ島

시에는 '탄압과 잠복'으로 상징되는 잠복그리스도교 성지와 집락, 그리고 '부활'을 상징하는 다비라 천주당 등 세 가지 역사 유물이 존재합니다.

잠복그리스도교 신도들이 산악신앙과 함께 기도의 대상으로 삼은 야스만다케산과 묘지, 오래된 건축물 등이 남아 있는 가스가 집락에는 웅대한 계단식 논이 펼쳐져 있습니다. 그리고 나카에노시마는 신도가 처형된 순교지로서 지금도 신앙의 대상이 되는 무인도입니다. 얼핏 보면 산과 계단식 논으로 이뤄진 한가로운 섬처럼 보이지만 세계유산의 스토리에서 빼놓을 수 없는 구성 유산으로서 높은 가치를 지닙니다.

히라도 내에는 집락이 산재해 있는데, 복잡한 해안선으로 인해 만들어지는 움푹 파인 곳에 생활공간이 주로 형성돼 있습니다. 거주지 주변이 산과 산림으로 둘러싸여 있는 분위기는 탄압을 피해 숨죽이며 생활해온 역사의 무거움과 비애까지 느끼게 합니다. 이런 가운데 지역주민 간 결속을 통해 계단식 논을 개간하고 와규和牛를 사육하며 연안어업과 정치망어업 등으로 생업을 꾸려온 것입니다. 이렇게 혼신을 다해 가꾸고 길러온 히라도시의 농림수산품에선 다정한 온기와 배려가 느껴집니다.

1720년에 기록된 『서해포경기西海捕鯨記·사이카이호게이키』에는 1616년경 기슈(紀州·지금의 와카야마현)에서 히라도 앞바다로 고래잡이 조직이 와서 작살로 찔러 잡는 방법을 처음으로 보급했다는 내용이 있습니다. 그 후 무역으로 번성한 히라도 마을 사람들은 이러한 고래잡이 기술을 이어받아 포경업을 더욱 발전시켰다고 전해집니다. 당시는 이키壱岐와 고토五島 지역에서 포경업이 많이 이뤄졌지만 17세기 말쯤에 쇠퇴합니다. 18세기에 들어서자 아즈치오시마 이노모토 조직이 세력을 확장했고, 19세기에는 이키쓰키시마를 본거지로 하는 마스토미 조직이 세력을 확장해 일본 최대의 포경 단지를 형성합니다.

마스토미 조직의 성공비결은 가족을 요지요소에 배치해 경영체제를 견고히 한 것입니다. 무엇보다 고래잡이뿐 아니라 고래 가공제품의 제조와 판매까지 독점적으로 행하는 경영기법이 성공 요인이었습니다. 그 배경에는 당시 그리스도교 탄압으로부터 끝까지 견뎌낸 섬 주민들의 상호 신뢰와 결속력이 집단어업의 형태로 집약돼 나타난 것으로 보입니다. 견고한 팀워크는 원양선망어업과 정치망어업의 원동력으로서 지역의 어업 역사에 자랑스럽게 새겨져 있습니다.

세계적으로 활약 중인 저명한 지휘자 니시모토 도모미西本智実 씨는 자신의 증조모가 히라도시 이키쓰키정 출신이어서 잠복그리스도교 음악에 깊은 관심을 갖게 됐습니다. 그녀가 예술감독을 담당하는 일루미네이트 필하모니오케스트라와 일루미네이트 합창단은 그리스도교(가톨릭) 신도가 몰래 구전으로 전해온 그레고리오 성가를 2013년 11월 바티칸의 성 베드로 대성당에서 음악미사로 복원연주했습니다. 이 복원연주는 바티칸에서 가장 높은 평가를 받아 이후 3년 연속 초청을 받았고, 동시에 2014년에는 지휘자 아르농쿠르(Harnoncourt) 씨 등과 함께 바티칸의 음악재단으로부터 최연소 '명예상'을 받았습니다. 히라도시는 이러한 귀중한 만남과 연결고리를 기리기 위해 니시모토 씨를 2013년 11월부터 '히라도 명예대사'로 위촉해오고 있습니다.

이러한 역사적 배경 때문에 히라도 시내에는 당연히 수많은 교회당이 곳곳에 자리 잡고 있습니다. 그중 세계유산 구성 유산의 하나인 다비라 천주당은 국가중요문화재로 지정돼 있으며, 2018년에 건립 100주년을 맞았습니다. 벽돌과 목조로 조화롭게 지어진 장엄한 천주

당은 저녁놀을 배경으로 아름다운 실루엣을 자아내 이곳을 방문하는 사람들에게 큰 감동을 줍니다.

또 히라도 항구가 내려다보이는 높은 언덕에는 고딕풍 건축 양식의 성 프란시스코 사비에르 기념교회가 있습니다. 그리고 그 바로 아래 인접한 곳에 불교 사원도 있습니다. 이 두 건축물이 중첩돼 연출하는 독특한 광경은 '교회와 사원이 보이는 풍경'으로 불리며 히라도를 대표하는 관광 명소로 자리 잡았습니다. 이곳에선 일본 종교의 관용성과 공생성을 보여주는 상징적 분위기를 엿볼 수 있습니다. 이 밖에도 히라도시 호키宝亀 어항이 내려다보이는 높은 언덕에는 서구 식민

지풍의 건축물인 호키교회가 있습니다. 히라도 중부에는 로마네스크 풍의 히모사시교회가 집락의 핵심 상징물로 존재합니다. 종파가 다른 건축물이 말로 표현할 수 없을 정도로 잘 어우러진 모습은 히라도시의 대표적인 문화 경관이라고 할 수 있습니다.

원래 나가사키의 그리스도교 포교 역사는 히라도에서 시작됐습니다. 성 프란시스코 사비에르는 가고시마에 상륙한 후 히라도를 세 번이나 방문했습니다. 이것은 히라도를 창구로 해서 중국·포르투갈과 일본의 교역 경로가 완성돼갔다는 것을 입증하는 것입니다. 히라도 시내에는 사비에르와 관련된 역사 유물과 포르투갈과의 교역 흔적 등 많은 그리스도교 문화자산과 함께 금교령에 의한 엄격하고 슬픈 탄압의 이야기가 여기저기 서려 있습니다.

전후戰後의 발전과
완만한 인구 감소 _____

인구 감소는 이미 전국 공통의 심각한 문제가 됐고, 히라도시도 당연히 예외가 아닙니다. 그런데 히라도시의 절실함은 다른 지자체와 상황이 좀 다릅니다. 예전부터 일찍이 국가정책으로 인한 석탄 붐으로 들끓었던 탄광이 폐광으로 내몰렸다거나, 하나의 기업과 관련 업체들이 함께 모여 경제와 사회 기반을 이뤘던 마을에서 기업의 철수가 있었다거나 하는 등의 명확한 인구 감소 원인이 없습니다.

국가정책의 전환과 피할 수 없는 경제 상황의 변화, 대규모 재해 등이 배경이라면 이직자 대책과 경제·생활 지원에 정부가 국가 예산을 투입하고 고용 대책을 세워 대응이 가능합니다. 하지만 히라도시의 인구 감소는 자연 감소의 범주여서 근본적인 해결책을 찾지 못한 채 현재에 이르고 있습니다.

특히 젊은 세대의 유출이 두드러지는 것을 볼 때, 일자리가 극단적으로 적은 것이 가장 큰 원인으로 지적됩니다. 원래 기간산업의 하나로 일어났던 어업의 경우 연간에 걸쳐 사계절 어종과 어로 방법이 존재해 한랭지처럼 계절에 따라 생산활동이 멈추는 일은 없습니다. 어장으로서는 여러 면에서 여건이 좋지만, 역으로 말하면 홋카이도나 도호쿠東北 지역처럼 고기를 잡을 수 없는 긴 겨울을 넘기기 위해 보존·가공 등의 기술이 발전하지 못한 것입니다. 따라서 어로 활동을 계속해나가는 것만이 중요시됐습니다.

게다가 마구잡이 어획과 연안성沿岸城의 개발, 지구온난화에 따른 어패류 먹잇감의 고갈, 이로 인한 회유성 어종의 어장 변화 등으로 어획량이 줄어드는 추세입니다. 여기에 수입 어류의 유입, 젊은 세대의 생선 소비 이탈이 확산돼 거래 가격도 침체 상태입니다. 이러한 것이 미래 불안요인으로 이어져 어업 후계자가 계속 감소하는 결과를 초래했습니다.

이키쓰키시마와 다쿠시마는 원양선망어업의 본거지로 1960년을 정점으로 어선단이 성어기를 맞아 두 섬의 어업 집락은 크게 번성했습니다. 원양선망어업은 1통(統·하나의 선망선단을 말함-옮긴이)당 5척 정도로 선단을 조직하고, 전갱이와 고등어를 비롯한 어군을 그물로 잡아 올리는 대형 집단어업 방법입니다. 이로 인해 고용자 수도 많고 고소득도 예상돼 지역의 주축 산업으로 정착하며 지역경제를 견인하는 역할을 해왔습니다.

그러나 이후 북태평양과 동중국해의 국제 간 어업교섭에 의해 어획고에 제한이 가해졌습니다. 게다가 약 3주간 연속해서 앞바다에서 조업하기 때문에 휴일이 적은 열악하고 위험한 근로 환경, 불안정한 고용 조건으로 인한 후계자 부족, 연안어업과 동일하게 지구온난화로 인한 자원 고갈 문제 등으로 조업 선박 수의 감소를 막을 수 없게 됐습니다. 최고 번성기였던 1970년대 중반에 15개 통이나 되는 선단을 보유했던 시내의 수산회사가 어선 구조 개량과 합리화가 진전되며 현재 6개 통까지 줄어든 것도 인구 감소의 배경 중 하나입니다.

지금까지 히라도시를 둘러싼 나가사키현 북부지역은 조선업과 어선·어구 등 관련 산업이 여기저기 위치해 '어업이 윤택해지면 모든 것이 활성화된다'는 산업구조였는데, 어업 종사자의 감소가 그대로 지역 쇠퇴로 이어지고 있습니다.

한편 농업 쪽도 동일한 상황입니다. 외딴섬과 규슈 본토 일부로 구성된 히라도시는 해안선에 접해 있기 때문에 하천은 대체로 짧고 평지가 적어 농업의 규모 확대가 어려운 지형입니다. 따라서 중산간부의 계단식 논에서 경작하는 농업은 비효율적이고 당연히 생산량에도 한계가 있습니다.

반면 옛날부터 경작용 가축으로 와규를 사육하고 육용우로 송아지를 키워 나가사키현 내에서도 좋은 평가를 얻고 있었습니다. 하지만 가축을 사육하는 근로 환경은 소규모 가족경영의 특성상 자유롭게 휴식을 취하기 어렵고, 분뇨투성이라는 이미지 때문에 좀처럼 후계자를 육성하기 어려운 상황으로 내몰리고 있습니다.

이런 점 때문에 전업농가가 매년 감소하는 상황에서도, 그나마 어떻게든 버텨올 수 있었던 것은 공공 토목사업과의 겸업이 가능했기 때문입니다. 전업농가는 1985년부터 2005년에 걸쳐 11.5% 감소했지만, 겸업농가는 2000년까지 증가 추세에 있었습니다. 이것은 히라도 시내의 도로와 항만 건설 수요가 높고, 국가나 현의 경제 대책이 배경이었습니다.

그러나 이 구도도 2005년경부터 붕괴되고 겸업농가도 감소 추세로 돌아섰습니다. 잘 정리된 경지가 없었기 때문에 당연히 생산량도 한계에 봉착했습니다. 특히 1985년 플라자합의(프랑스·독일·일본·미국·영국으로 구성된 G5의 재무장관들이 외환시장의 개입으로 인해 발생한 달러화 강세를 시정하기로 결의한 조치-옮긴이) 이후 엔고 현상이 계속되는 가운데 일본 농수산업계는 규모의 크고 작음에 관계없이 값싼 수입 농수산물로 인해 시장점유율을 계속 빼앗겨왔습니다. 또 심각한 지구온난화로 기후 변동에 기인한 작물의 생육 불량과 농지 재해의 보고 건수가 증가했습니다. 게다가 해조 등이 적어지는 현상으로 어획량이 감소하고 젊은 세대의 생선 소비 이탈과 맞물려 어업 부진의 시대가 오랫동안 지속됐습니다.

근래 아베노믹스하에서 일본은행에 의한 금융정책이 어느 정도 효과를 보여 환율시장은 엔저로 전환됐지만, 불안정한 중동 정세의 영향으로 연료 가격이 폭등하면서 어업과 농업 경영은 큰 타격을 받았습니다. 그리고 인구 감소 등에 따라 전국 공통으로 후계자 부족이라는 고민이 당장 눈앞에 가로놓여 돌파구를 찾을 수 없는 상황에 처해 있습니다.

히라도대교·이키쓰키대교의 개통과
새로운 변화 _____

외딴섬의 불리한 여건을 극복하고 주민들의 생활 편리성을 높이기
위해 1977년 히라도대교, 1991년 이키쓰키대교가 개통됐습니다.

히라도대교는 히라도지마와 규슈 본토의 다비라 지구를 잇는 전
장 665m의 트러스 현수교 구조로 하늘과 바다의 푸른 배경과 잘 어
울리며, '히라도지마의 관문'으로서 랜드마크가 됐습니다. 이키쓰키
대교는 히라도지마와 이키쓰키시마를 잇는 전장 960m의 3경간 연

이키쓰키대교生月大橋

속 트러스교로, 중앙 경간이 400m나 돼 이 형식의 대교로는 세계 유수의 교량입니다. 짙은 감색의 바다, 초록빛의 양쪽 섬과 조화를 이루는 블루라이트의 다리는 히라도대교와는 사뭇 대비됩니다.

히라도대교와 이키쓰키대교는 2010년 4월 1일부터 무료화돼 교통량이 일순간에 증가했습니다. 두 개의 다리가 완성되기 전까지는 이키쓰키에서 히라도를 경유해 규슈 본토의 다비라 항구까지와 나가사키현 북부지역의 사세보시와 후쿠오카시의 하카타를 연결하는 정기 배편과 페리가 운항되고 있었습니다.

다리의 완성은 지금까지의 생활환경과 가치관에 큰 변화를 가져왔습니다. 배의 운영 시간과 기후 등에 좌우되지 않는다는 장점이 있는 반면, '스트로 현상(새로운 교통망의 개통으로 인해 어떤 지역이 발전하거나 또는 쇠퇴하는 현상-옮긴이)' 등으로 시민 소비행동의 지역 외 유출은 급속도로 늘어났습니다. 마치 에도시대 쇄국 상태에서 개국이라는 흐름과 너무나 유사했습니다. 어느 의미에서 대교의 개통은 '흑선黑船·구로후네의 내습(1853년 무렵 미국의 페리 제독이 검은색의 함선을 이끌고 일본에 출현해 개항을 요구한 사건을 말함-옮긴이)'이라 불릴 정도로 놀라운 일이었습니다. 히라도시의 경우 대형 교량인 '꿈의 다리'는 싫든 좋든 히라도시의 운명을 좌우했다고 말할 수 있습니다.

주민 입장에서 볼 때 그동안 섬에서 나오는 이동수단이 선박밖에 없다는 것은 의료 등 긴급 사태와 재난 발생 시 불안하기 그지없었으나, 관광업 쪽에서는 많은 관광객을 끌어들일 수 있었습니다. 당시 히라도 관광은 대형 버스를 타고 페리를 이용하는 단체관광객이 주류였습니다. 관광객들이 히라도에서 숙박을 하고 특산품을 활발히 구매했기 때문에 지역경제는 꽤나 윤택했습니다. 또 주민 이동이 불편하다는 것은 한정된 소비권 속에 어느 정도의 소비재가 갖춰져 있어야 해서 당연히 상점가도 북적거리고 활기 넘치는 시대였던 것입니다.

그랬던 것이 '꿈의 다리'로 인해 히라도는 언제든지 방문할 수 있는 관광지가 돼 숙박 인구가 편리성이 좋은 인근 도시로 옮겨갔습니다. 동시에 시내의 소비자도 더 싸고 드문 물건을 찾아 시외 지역으로 소비활동 범위를 넓혀나갔습니다. 이런 현상은 대교가 완성되기 전부터 예견됐던 것이지만, 실제로 위기가 닥치지 않으면 체감할 수 없기에 현실 인식에 둔감했습니다. 게다가 순식간에 감소하면 변화를 쉽게 알아차릴 수 있지만 서서히 감소하면 소비자의 명확한 의사 표시가 없는 한 변화를 느끼기 어려운 법입니다.

특히 젊은 세대 사이에서는 '패밀리레스토랑이나 스타벅스가 없는 히라도시는 삭막하다' '진부한 이미지는 창피하다'고 생각하는 사람이 늘었습니다. 이것만으로도 고향에 머무르겠다는 의욕이 떨어져 도시에서의 취직을 선택한다는 고민스러운 상황에 빠져 있습니다.

현재 나가사키현 내의 21개 지자체 가운데 인구 감소율이 가장 높은 곳은 한국에서 가까운 쓰시마시對馬市이지만, 두 번째가 바로 히라도시입니다. 쓰시마시와 동일하게 외딴섬의 지자체인 이키시와 고토시보다도 인구 감소율이 높은 데는 다리가 생긴 것도 하나의 원인이었습니다. 이동이 편리해지면 인구 유출도 그만큼 쉬워지는 것을 상상해볼 수 있습니다. 모든 일에 '빛'과 '그림자'라는 양면이 있기 때문에 '그림자' 부분과 어떻게 함께 갈 것인가가 지자체가 안고 있는 과제라고 할 수 있습니다.

2005년, 1시 2정 1촌에 의한 시·정·촌 합병

고이즈미小泉 정권하에서 '헤이세이 대합병'이 전국 규모로 이뤄졌습니다. 나가사키현은 그동안 79개의 시市·정町·촌村이 21개로 합병돼 전국적으로 봐도 상위 레벨의 합병률을 기록했습니다. 히라도시도 2005년 10월 1일에 히라도시와 기타마쓰우라北松浦의 이키쓰키정, 다비라정, 오시마촌의 1시 2정 1촌이 합병해 새로운 '히라도시'가 출범했습니다.

합병협의회를 설치해 2년 9개월간 심도 깊은 논의를 거쳐 실현된

시·정·촌 합병이었지만, 불과 5개월 뒤에 재정 위기 선언을 하지 않을 수 없었습니다. 시·정·촌 합병으로 낭비적 요소를 줄여 재정을 유지하자는 기대 속에 진행된 것이었으나, 세입의 근간인 조세 수입이 2002년부터 5년 연속 감소했습니다. 특히 정부가 추진하는 '삼위일체 개혁(지방에서 할 수 있는 것은 지방에서라는 개념하에 국가의 권한을 축소하고 지방의 권한과 책임을 확대해 지방분권을 더 가속화하는 개혁-옮긴이)'에 따라 국고보조부담금·지방교부세의 삭감까지 더해졌습니다. 이로 인해 히라도시의 재정은 매우 어려운 상황에 빠졌고, 합병을 통한 절감 효과만으로는 수지 균형을 유지할 수 없을 정도였습니다.

이후 히라도시는 즉각 '행정개혁 실시 계획' '재정 건전화 계획' '정원 적정화 계획'을 추진했습니다. 현재 시정을 맡은 후로 이 개혁의 강도를 더 가속화했습니다. 부시장을 2인에서 1인으로 줄이고 합병 전까지 (구)지사무소의 지소장을 특별직 대우에서 일반직으로 변경하는 개혁을 비롯해 부部제 도입으로 관리직을 대폭 삭감(부장급을 31명에서 17명으로 줄임)했습니다.

또 합병 당시 히라도시의 직원 수(시립병원·진료소의 의사와 간호사, 소방 직원을 제외한 수)는 492명이었는데, 2015년 4월 1일 기준 382명으로 대폭 줄였습니다. 이로 인해 전 직원 441명의 인건비도 합병 당시 45억 엔 규모였던 것이 2015년도에는 약 33억 엔까지 줄일 수 있었습니다.

특히 특정 목적을 위해 적립하는 '기금'의 총액은 2006년 39억 엔(이 중 재정조정기금과 감채기금 합계는 15억 엔)이었던 것이 2015년에는 83억 엔(이 중 재정조정기금과 감채기금 합계는 45억 엔)으로 2배 이상 증가했고 재정 건전화를 계속 추진했습니다. 그 결과 미래에 부담해야 할 실질적 부채(차입금)의 표준재정 규모에 대한 비율인 '장래부담비율'은 2007년 결산 때 127%로, 유사단체(전국에서 히라도시와 인구 규모 등이 비슷한 복수의 지자체) 평균 94%를 크게 웃돌던 것을 조기 상환을 적극적으로 추진함으로써 2012년부터 서서히 낮췄습니다. 2014년 결산에서는 7%까지 내려 한층 더 건전화를 이뤘습니다.

하지만 시민 생활에 필수불가결한 소방청사와 도서관 등이 노후화돼 재건축 시기가 도래했습니다. 고도의 정보시스템을 도입해야 하는 공공시설 리뉴얼, 1981년 이전에 지어진 학교·공공시설 가운데 일정 규모 건축물의 내진화 등 대형 공공건설 재건축이 산적해 있습니다. 또 고령화 진전으로 의료복지비와 부조비 등에도 견뎌낼 수 있는 재정구조를 갖춰야 하는 상황이 됐습니다. 이것이 현재 히라도시가 가장 고민하는 과제입니다.

멈추지 않는
인구 감소 _____

　재정이 아무리 건전하다 해도 지자체 인구가 만성적으로 감소하는 것은 지역을 유지하는 데 심각한 문제입니다. 특히 히라도시는 그 감소세가 두드러지고 있습니다.

　2005년 합병 이전 인구가 4개 시·정·촌 합계 4만 명 이상이었는데, 10년 후인 2015년 4월 기준 주민등록대장 기준으로 약 3만 3,500명까지 줄었습니다.

　일정 기간의 인구 변동을 나타내는 인구동태조사는 출생자 수와 사망자 수를 차감하는 '자연동태'와 취업이나 이전 등에 의한 전입자 수와 전출자 수를 나타내는 '사회동태'가 있습니다.

　히라도시의 합계특수출생률은 1.96으로 전국 평균 1.42를 크게 웃돌고, 쓰시마시 2.18, 이키시 2.14 다음으로 높은 수준입니다. 참고로 나가사키현은 1.59입니다. 자연동태에서 최근 10년간 연평균 출생자 수는 250명에서 230명으로 거의 보합 상태지만, 사망자 수는 매년 550명 정도로 단순 계산해도 해마다 300명가량 줄어드는 셈입니다.

　다음으로 사회동태인데, 전입자가 매년 1,000명 정도인 것에 반해 전출자가 1,300명 전후의 추이를 보여 여기서도 해마다 300명가량이 감소하고 있습니다. 인구동태를 연령별로 보면 15~24세의 전출 수가 평균치를 웃돌고 있습니다. 시외 고등학교와 대학교에 진학하거나, 시외로 취업하는 경우가 많은 것으로 추정됩니다. 전출처는 나가사키현 내 지역 중 인근의 사세보시가 가장 많고, 현 외 지역 중에는 후쿠오카시가 가장 많은 경향을 보입니다.

특히 심각한 것은 일본창성회의日本創成会議에 의한 추계인구입니다. 국립사회보장·인구문제연구소가 2013년에 공표한 장래추계인구에 의하면 히라도시는 2040년쯤 인구가 1만 6,000명 정도까지 감소해 현재의 절반 수준 이하로 떨어질 것으로 예측되면서 '소멸가능성 도시'로 지적됐습니다. 그중에서도 20~39세의 젊은 여성 인구가 현재 2,530명에서 736명으로 3분의 1 수준까지 감소할 것으로 분석됐습니다. 이 감소율은 나가사키현 내에서도 고토시, 쓰시마시에 이어 세 번째로 심각한 상황입니다.

이렇게 되면 아무리 행정·재정개혁을 추진해도 시민 1인당 세 부담은 커져 지역경영은커녕 지역이 존재하는 것조차 곤란한 상황에 직면하게 될 것이 불 보듯 뻔합니다. 따라서 히라도시 행정부서와 시의회는 2014년 9월 정례의회 일정과는 별도로 정책간담회를 열고, 인구 감소 억제강화 선언과 이를 뒷받침할 '히라도시에서 계속 살고 싶은 마을창출 조례' 제정을 현 내 지자체 중에서 가장 앞서서 추진했습니다. 현재도 히라도시 인구감소대책본부와 히라도시 종합전략책정위원회 등에서 구조적 문제점 해결을 위한 중요 시책을 추진하고 있습니다. 그리고 '고용촉진' '산업진흥' '육아지원' '정주이주촉진'에 대해 제대로 예산을 투입하고 제도설계를 실행 중입니다. 물론 '고향납세제도의 활용과 재원확보의 상시화'도 전략 가운데 하나입니다.

소규모 영세농가, 적은 경지면적과 고령화된 농업

서두에 히라도시의 지리적 여건을 소개했는데, 아름다운 경관과 웅대한 자연 그 자체는 매력적인 관광자원이 되고 있습니다. 하지만 다른 한편으로는 평야지가 적은 중산간지역의 농업은 생산비가 높아 결과적으로 소규모 영세농가가 많습니다. 따라서 농업만으로 생계를 꾸린다는 것은 현실적으로 쉽지 않아 지역 공공사업을 활발히 하면서 겸업으로 농업을 영위했습니다. 그나마 이렇게 할 수 있었던 시기는 그래도 좋았습니다.

그러나 '쓸데없는 낭비성 공공사업'과 이로 인해 발생하는 '정치와 돈의 이권구조' 등이 사회문제가 돼 세상의 비난이 거세졌습니다. 국가나 현(지자체)의 토목공사 예산이 대폭 삭감되면서 수많은 건설회사가 도산하고 일자리도 감소해 인구 유출은 더욱 가속화했습니다. 결국 히라도에서 농업을 계속하는 것이 점점 더 어렵게 되고 농업인의 고령화가 심화되면서 '농촌 붕괴'라는 마이너스 소용돌이가 강하게 몰아쳤습니다.

과거에 히라도시가 관리하고 보유한 공업단지의 경우 기업에 필요한 물의 확보가 부족하고 대용량 통신망 정비 등 입지 환경을 제대로 갖추지 못한 채 오랫동안 방치됐습니다. 그 후 2013년부터 공업단지를 민간의 태양광 발전회사에 임대해 겨우 활용하고 있습니다. 실현되지 않는 '기업 유치'를 말로만 외치면서 방치하는 것보다는 재생 가능에너지라는 시대적 흐름에 맞춰 운용하는 편이 지역이나 기업 모두에 유익한 것이라고 판단한 결과입니다.

다만 이 시설로 인해 극적으로 일자리가 마구 생겨나는 것은 아니기 때문에 근본적인 해결책이 될 수는 없었습니다.

1995년과 2005년의 농업 취업인구를 연령별로 비교해보면 70세 이상은 증가하고 있지만 다른 연령대는 모두 감소하고 있습니다. 특히 감소폭이 큰 연령대는 농작업을 핵심적으로 담당하는 30~59세로, 최근 10년간 45%나 줄었습니다.

경영 경지면적도 최근 10년 사이에 676ha(24.5%)나 감소했습니다. 동시에 경작 포기 농지도 동일한 10년 동안 530ha나 증가했고, 이에 따라 멧돼지로 인한 농작물 피해는 더 늘어났습니다.

원래 히라도시에서는 멧돼지 피해를 거의 볼 수 없었습니다. 그런데 2002년경부터 서서히 증가해 2010년에는 연간 5,000마리 가깝게 포획됐습니다. 당연히 농작물 피해액도 정점인 2006년에는 6,000만 엔에 달했습니다. 그 후 전국에서도 우수한 사례로 인정받는 멧돼지 포획대 편성이나 와이어메시(wire mesh) 활용, 농지와 산간지역의 완충지대 풀베기, 염소 사육으로 생존 영역 분리하기 등의 대책을 추진한 결과 피해액은 2,000만 엔 정도로 크게 줄었습니다. 그러나 포획 마릿수는 변함없이 4,000마리 전후의 추이를 보이고 있습니다.

최근에는 시가지에도 멧돼지가 출현해 시민들이 불안을 호소하는 등 심각한 문제가 되고 있습니다. 이에 다른 지역의 수렵면허증 소지자와 협력해 수렵 기간에 포획할 수 있도록 대책을 마련 중인데, 그렇게 간단히 수습될 상황이 아닙니다.

기로에 선 기간산업,
농림수산업과 관광업 ⎯⎯⎯⎯⎯

어차피 히라도시가 향후 나아가야 할 방향은 지역의 기간산업인 농림수산업과 관광업을 활성화해 '돈 버는 산업'으로 만드는 것입니다. 그리고 후계자를 어떻게 확보할 것인가라는 난관을 극복해나가는 방법밖에 없습니다.

그러나 기존의 영농 방식이나 어획 방법을 획기적으로 바꿀 수도 없고, 역사적 자산을 활용해온 관광지에 인공적인 테마파크 같은 연출을 도입하는 것도 불가능합니다. 게다가 젊은 세대의 관심이 도시의 편리성과 현대적이고 화려한 가치에 끌리는 경향은 앞으로도 계속될 것입니다. 이 흐름을 멈출 수 있는 처방책이 있다면 전국적으로 과소지역이 안고 있는 문제는 일시에 해소될 것입니다.

그야말로 기로에 선 히라도시의 농림수산업과 관광업이지만, 그 한계점을 탈피하기 위해서는 착안점을 바꾸는 것부터 시작하지 않으면 안 됐습니다. 그것은 바로 품질의 우수성을 어떻게 호소할 것인가 하는 원점 회귀입니다.

예를 들면 '농작물의 우수한 맛이 소비자에게 제대로 평가받고 있는 것일까?' '생산자의 얼굴과 생산 풍경 등을 소개해 안전성 면에서 안심하고 먹을 수 있는 농축산물이라는 신뢰 관계를 만들 수 없을까?' '동일한 생산물이라 하더라도 뭔가 차별화해 부가가치를 높일 수는 없을까?' 이런 고민들입니다.

관광업도 마찬가지입니다. '관광지로서 번영해온 과거의 영광에 의존하고 있는 것은 아닌가?' '여행자의 개별 니즈와 여행 형태에 대응할 수 있는가?' '아름다운 자연환경과 가치 있는 역사 자산을 당연한 것으로 간과하고 있지는 않은가?' '도로망의 미정비와 교통 접근의 불편함을 침체의 원인으로 생각하고 있지는 않은가?' 등 스스로 노력을 소홀히 하고 있지는 않은지 반성이 요구됩니다.

결국 '히라도'라는 하나밖에 없는 고향을 다른 가치로 대체할 수는 없습니다. 지금 있는 것을 어떻게 잘 다듬어서 활용할 것인가를 적극 강구하지 않으면 지방은 사라져버릴 것입니다.

시·정·촌 합병 이후 4년째에 시장 선거가 있었습니다. 저는 지역 자원을 재점검해 훌륭하고 세련된 것으로 만들자는 의식 개혁을 히라도시 직원뿐 아니라 시민들에게 호소했습니다. 그리고 이동시장실과 시정간담회를 수시로 열어 시민들과 의견 교환을 반복했습니다. 이렇게 현장의 가능성을 파악한 다음에는 '없는 것을 졸라대기' 형태의 사고방식을 '있는 것을 훌륭하게 활용하기'로 바꾸는 데 주력했습니다. 이것은 시청의 기존 종적 문화에서 탈피해 조직 횡단적 제휴나 젊은 직원들의 의욕을 불러일으키는 것으로 이어졌습니다. 결과적으로 민간 분야도 젊은 세대를 포함해 의욕적인 생산활동을 할 수 있게 바뀌었습니다. 이처럼 가장 아래로부터 끌어올린 종합적인 에너지가 다음 단계인 '히라도시 고향납세제도'로 이어지는 원동력이 됐다고 말할 수 있습니다.

Part 02

고향납세로
활로를 찾을 수
있을 것인가

매년 기부액이
100만 엔 정도로 저조

여기서 고향납세제도의 기본적인 시스템을 다시 언급해보고 싶습니다.

이 제도는 '납세'라는 명칭으로 확산되고 있지만 그 내용은 지자체에 기부를 하는 것이어서 정식 명칭은 '고향기부금'입니다. 도시 지역과 지자체의 재정구조 격차를 시정하기 위한 새로운 구상이기도 합니다. 2006년 10월 후쿠이현福井県의 니시카와 잇세이西川一誠 지사가 총무성의 '고향납세연구회' 위원으로 활동하면서 '고향기부금 공제' 도입을 제언한 것이 그 시초입니다. 이후 2007년 5월 제1차 아베 정권 당시 담당 관료(총무대신)였던 스가 요시히데 전 총리가 '지방세법 일부개정' 형태로 창설을 표명해 현재에 이르렀습니다.

고향납세제도는 한 개인이 현재 살고 있는 지자체 이외의 지자체에 2,000엔을 넘는 기부를 할 경우 주민세의 대략 10%(현재는 제도개정에 의해 20% 정도)가 소득세·주민세에서 공제되는 구조입니다.

이 제도를 설명할 때 '1만 엔의 기부로 확정신고를 할 경우 8,000엔을 되돌려 받기 때문에 실제로는 2,000엔의 부담으로 기부처인 지자체에 1만 엔의 공헌이 가능하다'는 표현이 자주 인용되고 있습니다. 그러나 차액 8,000엔은 기부자가 살고 있는 지자체가 부담하는 구조이기 때문에 납세자가 납부하는 현민세·시민세의 일부가 이전되는 형태인 셈입니다. 왠지 이해하기 어려운 부분이지만, 기부자가 증가하면 할수록 기부를 하는 주민이 현재 살고 있는 지자체의 시민세는 감소합니다. 게다가 기부를 받는 지자체도 어디까지나 기부 행위로서 '선의를 기대한다'는 정도의 입장입니다. 그렇기 때문에 이 제도를 적극적으로 활용하기 위해 자기 지역 이외의 분들에게 알리는 활동에 그다지 노력을 기울이지 않았던 것도 사실입니다.

따라서 제도 창설 초창기부터 시청으로서는 기부자의 자발적 의지에 의존할 수밖에 없었고, 특별히 답례품을 준비한다는 발상도 없었습니다. 있다고 해도 흔히 말하는 평범한 특산품을 이용한 '마음의 표시' 정도였습니다.

히라도시도 제도 시행 이듬해인 2008년 4월 1일부터 팸플릿을 만들고 현인회縣人會 등을 중심으로 호소했지만 생각만큼 기부금이 모이지 않았습니다. 2008년의 기부액은 37건 145만 엔, 2009년은 28건 240만 엔, 2010년은 30건 124만 엔, 2011년은 24건 84만 엔으로 그야말로 저공비행 수준이었습니다. 이 시기에 기부자 답례품은 2만 엔 이상인 분들에게 히라도시 전 세대 홍보지인 『홍보 히라도』를 송부하고 1만 엔 이하의 분들에게는 '감사장'을 전달하는 것뿐이었습니다.

시의회로부터도 특별히 기대하는 목소리가 높지 않아 '계속 분발하겠습니다'라는 정도의 결의 표명만으로도 괜찮은 분위기였습니다.

2011년 3월에 동일본 대지진이 발생했던 동북지방의 지자체는 대규모 재해로 위문을 많이 받았습니다. 이듬해 2012년에는 부흥을 기원하는 마음으로 상당히 많은 국민이 지진 피해지역에 기부를 하면서 고향납세의 구조가 알려지고 확산되기 시작했습니다. 전국적으로 74만 명 정도가 650억 엔이 넘게 기부를 했습니다.

이런 가운데 돗토리현鳥取県 요나고시米子市가 기획한 고향납세 답례품이 좋은 평판을 불러일으켰고, 3,000엔 이상의 기부를 통해 받게 되는 '요나고 시민체험 패키지'라는 상품이 큰 인기를 끌었습니다. 그 결과 2012년 요나고시의 기부 건수는 7,000건을 넘었고, 총기부액은 9,000만 엔에 달했습니다. 히라도시 담당자는 이를 보고 '이 시스템을 활용하면 1억 엔도 꿈은 아니다!'라고 생각했습니다. 다음 장에서 상세하게 소개할 이 담당자가 바로 구로세 게이스케 씨입니다.

그러나 이 담당자 앞에 가로놓인 것은 그동안 과제로서 질질 끌어왔던 히라도시 생산물의 다양함이 '아킬레스건'이었습니다.

해산물은 소량 다품종으로
계절 한정 _____

히라도시는 규슈 북서부에 위치하고 쓰시마 난류의 영향을 강하게
받아서 수많은 섬과 복잡한 해안선을 따라 해양자원이 풍부합니다.
규슈 굴지의 좋은 어장을 갖고 있는 그야말로 '수산 왕국'입니다. 에
도시대에 서일본 최대급의 포경업이 이키쓰키시마에 본거지를 두고
번영을 누리는 등 바다와 함께 역사를 새겨왔기 때문에 지금도 전통
적인 고래 요리가 유명합니다. 그리고 오늘날까지 이어지는 원양선망
어업의 기지로도 알려져 동북 앞바다와 동중국해에서 조업하는 어선
단의 거점이기도 합니다. 히라도 시내 어협 소속 선망선단의 어획
량은 평균 5만t 전후이며 생산액은 해마다 변동이 있긴 하지만 70
억 엔 안팎의 실적을 올렸습니다.

정치망어업을 비롯한 연안어업은 잇본쓰리(1本釣り·낚싯줄 하나에 낚싯바
늘 하나를 꿰어 잡는 낚시 방법-옮긴이), 오징어 낚시, 주낙어업, 바구니망, 자망,
예인망, 해면양식 등 다종다양해 연간 수확량은 8,000~9,000t으로
추정됩니다. 금액 기준으로는 평균 40억 엔 전후입니다.

어종도 방어·부시리·만새기·전갱이류·갈치·벤자리·쥐치·날치·

오징어류·문어·광어·대하·부채새우·전복·소라·굴류·해삼·성게·조개류·해조류 등 다양해 연간 풍부한 어개류魚介類·어패류가 잡히고 있습니다.

이처럼 어종과 어법이 여러 개 존재한다는 것은 '만능플레이어'처럼 느껴질 수 있지만, 물산 전략의 브랜드화가 매우 어렵다는 게 단점입니다. 예를 들면 일류 레스토랑의 경우 특별히 세련된 대표 요리가 있어 이를 좋아하는 고객의 이해하에 가격도 높게 책정할 수 있습니다. 반면 어느 고객층에도 통하는 가격으로 대응하는 대중식당은 서민이 받아들일 수 있는 폭넓은 대응이 필요하기 때문에 이렇다 할 대표 메뉴를 만들기 어려운 것과 같습니다.

더욱이 수산업계에서 '산지'라는 것은 어시장의 장소로 정해지기 때문에 시장가격 정보를 알고 있는 어업자는 높게 거래될 수 있는 어시장을 찾아서 어획합니다. 결국 인근의 사세보시나 마쓰우라시의 어시장에서 어획된 것은 '사세보산' '마쓰우라산', 멀리 후쿠오카항에 접안하면 '후쿠오카산'이 됩니다. 당연히 히라도시의 어업자가 어획한 수산물이라 해도 반드시 '히라도산'으로 표시되지 않습니다. 히라도에서 많이 잡히는 오징어가 사가현 요부코呼子에서 어획돼 '요부코 오징어'로 불리는 것은 생산자에게 아무리 높은 값을 쳐준다고 해도 조금 창피스러운 생각마저 들었습니다.

또 수산물 브랜드로 성공한 지역은 가공품의 경우에도 실적이 좋습니다. 예를 들면 고치현高知県 도사시土佐市는 잇본쓰리로 유명한 가다랑어를 보존하기 좋도록 가공한 다랑어와 다랑어다시로 전국 브랜드화에 성공했습니다. 사가현 요부코항의 오징어는 '오징어 찐만두'로 주목받았습니다. 홋카이도는 소라게·바다참게·털게 등 게류와 연어알·가리비·다시마 등 어개류의 보고寶庫로 유명합니다. 이 대부분을 삶거나 건조 처리 등 1차 가공을 거쳐 소비자에게 배달합니다. 그리고 일본 전역에 공급할 정도의 수량이 가능하기 때문에 전국 소비자의 눈에 띄기 쉽고 기억에도 오래 남습니다.

반면 히라도 시내의 어업자가 생산하는 어개류는 계절별로 종류가 달라 일본 전역의 소비자에게 맛보일 수 있을 정도의 어획량이 되지 않습니다. 따라서 나가사키현 어업협동조합연합회를 통한 계통 공동판매 시스템에 의존하며 지방 시장에서 중앙 시장으로 이어지는 경로로 판매되고 있습니다. 가공 부문도 어촌 가공과 가정 내 가공 등 소규모 사업자가 많아 소매에는 유리하지만 대량 출하에는 대응할 수 없는 생산구조입니다.

다시 말해 계절에 따라 생산되는 어종이 바뀌는 데다 각각의 생산량도 적고, 가공도 이뤄지지 않아 선어鮮魚 위주의 거래에 의존하는 형태입니다. 이런 상태에서 무언가를 브랜드화해 판매한다는 것은 생각조차 할 수 없는 일이라고 해도 전혀 이상하지 않았습니다.

그러나 이러한 상황 속에서도 날치는 히라도의 명물이고 가공상품으로 가치가 높아 브랜드화 가능성을 충분히 지니고 있었습니다.

'날치다시'는 아는 사람은 모두 알 정도로 '날치다시 라면'과 '날치다시 우동' 등에 많이 사용됩니다. 지역에서는 조니雜煮 요리(정월 초에 먹는 일본식 떡국-옮긴이)에 없어서는 안 될 '다시의 왕'으로 불립니다. 예를 들면 유명한 가야노야茅乃舍다시에는 이키쓰키어항에서 어획된 구운 날치가 사용됩니다. 이외에도 날치는 일본 본토의 산인山陰 지방에서 가고시마의 야쿠시마屋久島 지역에 이르기까지 여러 곳에서 다양하게 활용되고 있습니다. 다시용 날치는 지방분이 적은 작은 크기의 것이 사용되는데, 주로 히라도시와 고토열도 어장에서 어획된 것입니다.

날치 어업은 허가제이기 때문에 조업이 가능한 어업자는 한정돼 있습니다. 어업 기간도 태풍이 급습한 후 9월부터 11월 초순으로 정해져 있기 때문에 생산량은 해마다 차이가 있고 가격도 변동하는 불안정 요소가 존재합니다. 다만 다시용으로 '구운 날치'를 가공하면 일정 기간 보존이 가능해 브랜드화 상품으로서 가치가 높습니다. 몇 년 전부터 고토열도의 산지가 건조제조법 등으로 사용하기 쉽고 생쓰레기가 발생하지 않는 가공을 추진하는 등 히라도시의 생산 현장은 가공 쪽에 관심이 높은 분위기입니다.

최근 음식 재료에 특별히 신경을 많이 쓰는 라면 전문점에서 날치다시를 사용하는 '달인'이 크게 화제가 된 적이 있습니다. 또 인스턴트 라면 제조업체가 '히라도산 날치다시 간장라면' 상품을 출시하거

나, 대기업 과자회사가 '규슈 날치다시 맛' 감자칩을 선보이는 등 앞
으로 인기를 더 끌 것으로 보입니다.

육우는 다른 현縣에 송아지로 출하

2012년 10월에 와규의 품질을 겨루는 제10회 전국와규능력공진회가
나가사키현 사세보시의 하우스텐보스에서 열렸습니다. 이 공진회에
선 놀랍게도 나가사키현에서 생산한 와규가 육우 부문 내각총리대신
상을 수상하며 일본 최고가 됐습니다. 사실 이 비육우는 원래 히라도
시의 번식농가에서 태어난 송아지였습니다. 여기서 굳이 설명할 것까
지는 없지만, 일본 와규 생산체제는 번식농가와 비육농가라는 경영
형태로 각각 역할이 분리돼 있습니다. 이러한 축산업계 구도 속에서
히라도시 축산관계자의 대부분은 번식농가(2015년 6월 현재 393농
가)로, 송아지를 생산하는 쪽에 해당합니다. 이 송아지를 구입하기 위
해 전국의 비육농가가 히라도 가축시장에 매년 9번 정도 모입니다.
　히라도시에는 비육농가(2015년 6월 현재 8농가, 이 중 5농가는 번

식도 겸함)가 적기 때문에 결국 대부분의 송아지가 다른 현으로 팔려 나갑니다. 인근 현의 사가규佐賀牛와 관서지방의 마쓰사카규松阪牛·고베규神戸牛·오우미규近江牛, 이외에도 멀리 떨어진 야마가타현의 요네자와규米沢牛 등으로 팔려가 사육되는 구조입니다. 즉, '히라도규平戸牛'라는 브랜드는 비육농가들 사이에서 송아지로 인지돼 소비자에게는 전혀 알려져 있지 않습니다.

나가사키현산 와규가 일본 최고라는 쾌거를 이룸으로써 전국의 비육농가가 지금보다 더 히라도규를 주목하게 만들었습니다. 송아지 거래가격은 당초 40만 엔 전후였던 것이 2013년도 이후 평균 60만 엔대로 크게 올랐고 현재도 높은 가격이 안정적으로 유지되고 있습니다. 이러한 배경에는 송아지 자체의 생산 마릿수 감소와 와규의 수출이 증가하고 있는 점, 그리고 국내외를 불문하고 부유층에서 높은 지지를 보여주고 있는 것을 들 수 있습니다.

결과적으로 히라도에서 생산된 송아지가 높은 가격으로 거래됨에 따라 번식농가는 활황을 누리는 중입니다. 이로 인해 송아지 사육 마릿수를 늘리려는 생산자와 더불어 후계자도 서서히 증가하는 등 기대감이 커지고 있습니다. 그러나 무엇보다 중요한 비육농가의 수가 적기 때문에 당연히 히라도규의 육우로서의 지명도가 확대되지 않는 게 고민입니다. 따라서 이것 역시 브랜드화를 하기 어려운 생산물 중의 하나입니다.

히라도시는 나가사키현립대학과 2013년 9월에 포괄제휴협정을 체결했습니다. 이 협정을 통해 학생들의 젊은 감성과 제3자의 눈으로 지역 지향적인 교육·연구·사회공헌에 관한 문제를 풀어나가는 중입니다. 그러한 가운데 '히라도규의 브랜드화에 관한 마케팅 조사'를 실시해 향후 히라도시 축산 진흥에 관한 조언을 받았습니다.

소비자를 대상으로 한 인터넷과 청취 조사로 히라도규의 인지도와 이미지를 파악할 수 있었습니다. 또 번식부터 비육까지의 일관된 생산체제의 필요성 등 본질적인 과제에 대한 의미 있는 조사 결과도 얻었습니다.

'시식해봤더니 맛있고 품질이 좋다' '들은 적은 있지만 너무 비싸 쉽게 구입할 수 없는 이미지가 있다'는 등의 의견이 많았습니다. 분석을 담당했던 학생들로부터는 '정말로 좋은 제품인데 정당하게 평가받지 못하고 있는 것이 유감이다'라는 총평이 있었습니다. 그리고 그동안 연간에 걸쳐 실시한 '히라도규 페어'라는 먹거리 이벤트와 특별 할인 등의 효과가 그다지 나타나지 않았고, 자기만족 상태에 그쳤다는 등 반성의 계기도 됐습니다. 향후 과제는 더욱 많은 사람에게 히라도규의 가치를 전해야 한다는 것을 대학의 조사에서 확인할 수 있었습니다.

농산물은 다종다양하지만
머나먼 브랜드화 ─────────

히라도시의 주요 농산물은 쌀·딸기·아스파라거스·감자 등입니다. 특히 엽근채소는 토양조건이 좋아 품질이 뛰어납니다. 하지만 이러한 것들은 농협(JA)의 공동판매 체제에 의존하고 있기 때문에 히라도시 독자 브랜드화는 존재하지 않습니다. 이는 앞에서 서술한 어업계의 어업 유통과 동일한 이유 때문입니다.

쌀 생산의 경우 대규모 경영이 가능한 논의 구획정리 사업도 한정된 지역에서만 이뤄지고, 주로 농협이 권하는 '고시히카리' '히노히카리' '니코마루'라는 브랜드를 생산하고 있습니다. 이로 인해 주변 자연경관과 역사 등을 담은 스토리를 연출하는 등 독자적인 노력과 아이디어를 짤 필요도 없어 벼 베기 후 논에 다른 작물을 심지 않고 겸업으로 수입을 얻는 환경이었습니다.

예를 들면 히라도시에서 생산되는 딸기도 오랜 기간 농업시험장을 중심으로 품종개량을 계속한 결과 '도요노카' '사치노카' '고이노카' '유메노카' 등 그때마다 명칭이 어지럽게 바뀌었습니다. 또 생산된 상품의 대부분이 관서지방에 출하되기 때문에 히라도 지역 소비자들조차도 사가현이 주산지인 '사가호노카'와 후쿠오카현의 '아마오우' 브랜드는 알아도 자기 지역에 어떤 딸기 브랜드가 있는지 모른다는 것이 현실이었습니다.

양파도 품질이 좋아 높은 평가를 얻고 있지만, 양파를 매달아 보존하는 방법을 고수해서 수작업이 아니면 출하할 수 없는 방식이었습니다. 이 양파를 드레싱과 절임채소인 쓰케모노로 가공하는 경우는 거의 없었습니다. 나가사키 북부지구 전체에서 출하되는 많은 양파 중 일부만 담당해도 만족한다는 정도의 생산 의욕밖에 없었습니다.

다시 말해 지역성과 독자성으로 브랜드화를 추진하는 데에는 등을 돌리고 있었습니다. 또 가공 등 손이 많이 가는 작업에 심혈을 기울이기보다는 농협이나 어협의 지도에 따라 생산활동에만 전념하면 그것으로 충분하다는 고정관념이 뿌리 깊게 자리 잡고 있었습니다.

임산물 가운데 생산량이 많은 '균상재배 표고버섯'은 히라도 산림조합과 시내 4곳의 사업자가 생산 중이며, 시설하우스 재배에 적합합니다. 모밀잣밤나무椎木를 20㎝로 자른 원목에 종균을 착상시키고 이것을 일정 온도를 유지한 시설하우스 안에서 재배합니다. 육질과 향기가 좋고 생산이력제를 적용하는 안전한 것이기 때문에 '히라도 로망'이라고 이름 붙여 주력상품으로 취급 중입니다. 다만 지명도에서 표고버섯은 오이타현 등 다른 유명 선진 산지가 많고, 나가사키현 내에서도 더 앞서가는 쓰시마시를 부러워하고 있습니다. 역사 교과서에

원목에서 자라난 표고버섯

반드시 실리는 '히라도'와 주력상품인 '표고버섯'이 바로 연상되지 않기 때문에 도쿄 오다시장에서도 인지도가 낮아 매출 상승으로 이어지지 않았던 시기가 있었습니다.

그래서 저는 생산자·직원들과 함께 후쿠오카의 전통 있는 노포老舗 백화점 식품 매장에서 실시하는 '히라도 페어'에 자주 참가했습니다. '히라도 로망'을 뜨거운 판에 구워 소금과 후추로 맛을 내 쇼핑객에게 시식을 권해봤더니 그 향과 맛에 높은 평가를 줬습니다. 그 결과 노포 백화점과 지속적인 거래가 이뤄졌습니다. 이러한 착실한 추진을 통해 '히라도 로망'은 많은 소매점 및 바이어와 거래할 수 있다는 자신감과 기대감을 더 갖게 됐습니다.

'히라도 생산물 홍보망은 시市 사이트뿐'이라는 전략의 결여

원래부터 히라도시 브랜드 전략은 전국적으로도 뒤처져 있었습니다. 그 이유는 지금까지 서술한 것처럼 특산품의 종류가 너무 많아 전략적으로 주력상품 수를 축약하기 어려웠기 때문입니다. 한편으로는 하나의 상품 공급량이 적고 계절적으로 생산이 제한돼 특정 상품의 브랜드화는 엄두도 내지 못했습니다.

브랜드화를 실현하려면 ①정량(생산보증) ②정시(시간보증)라는 두 가지 조건이 전제돼야 하고, 절대로 품절이 있어서는 안 되는 것으로 알려져 있습니다. 품절이 계속되면 그 상품은 결국 거래가 정지되고 대중의 뇌리에서 잊히는 운명이 됩니다. 다시 말해 일과성 공급량과 기간 한정으로는 브랜드화에 무리가 있다는 이야기입니다.

또한 연중 생산·가공이 가능한 식재료인 날치다시와 균상재배 표고버섯 '히라도 로망'을 항상 일정하게 공급할 수 있다 하더라도 시장을 개척하고 소비자의 마음을 사로잡는 정보 제공을 어떻게 할 것인가가 과제입니다.

히라도시는 앞 장에서 조금 다뤘던 것처럼 광케이블 통신 등에 의한 대용량 통신망이 정비돼 있지 않아 인터넷 등을 활용해 히라도의 우수한 생산물을 시장에 적극 알리는 추진체계가 없었습니다. 제가 시장에 취임했을 당시 시의 생산물 관련 정보는 시청 물산사이트에 게재하는 것뿐이었습니다. 시의 농림수산 행정은 생산 현장에 어항 정비와 포장 정비 등의 공공사업을 어느 정도로 투입할까, 생산 자재에 관한 보조 제도를 어떻게 만들어 지원할까 등에 역점을 뒀기 때문에 정보 제공은 당연히 소홀히 해왔던 것입니다.

즉, 생산부터 소비까지의 과정을 강의 흐름에 비유하면, 생산자나 생산기업과 관련된 상류 대책에만 신경을 쓰고 유통업체와 소비자 판매에 해당하는 하류 대책은 민간 사업자가 하는 일이라고 구분 짓고 손을 대지 않는 상태였습니다. 민간 사업자도 개별 거래처의 판매 활동에 힘을 쏟는 것이 우선시됐습니다. 따라서 '히라도 브랜드'의 창출을 함께 생각하고 충분한 공급량을 서로 확보하는 것에 대한 관심은 거의 없어 폭넓은 소비자에게 판매하는 고안은 이뤄지지 않았던 것입니다.

전반적으로 당시의 체제를 되돌아보면, 행정조직에서 발생하기 쉬운 '종적 관계'라는 의식이 강하고, 모든 것이 변함없이 그대로 있는 교착상태에 빠져 있었습니다. 다시 말해 농림과 수산 담당은 생산 현장 지원, 물산 담당은 이벤트와 PR 활동, 고향납세 담당은 '기다리는 자세'로 각각 구분 지어져 있고, 서로 협력해 전략을 짜내는 단계에는 이르지 못했습니다.

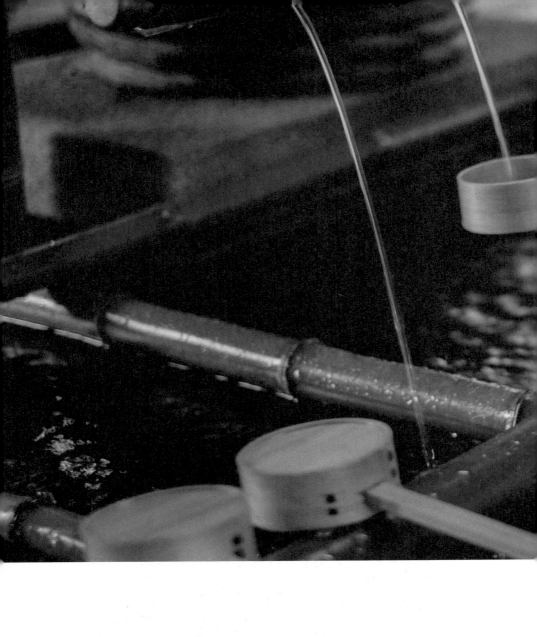

발상의 전환
'10가지 전략'

관객을 끌기 위해서는
매력적인 연출이 필요 ————————

시장에 취임해 1년이 경과한 2010년 당시 점점 줄어드는 자체 재원을 고향납세로 확대해보려는 발상은 사실 저에게도 없었고 조직 내부에서도 그러한 목소리는 나오지 않았습니다. 히라도 출신이 참여하는 수도권과 관서지방의 향우회 격인 현인회에서도 고향납세는 화젯거리가 되지 않았습니다. 현인회가 주최한 파티에 히라도시에서 특산품을 보내 선물로 주는 정도의 관심밖에 없었습니다.

다른 현의 지자체도 거의 비슷한 분위기여서 고향납세제도를 잘 활용하는 사례는 눈에 띄지 않았습니다. 기업을 많이 유치한 이사하야시諫早市에서도 일부 회사 경영자가 고액의 고향납세를 했다는 식의 뉴스가 들려오는 정도였습니다.

저는 시장에 당선된 직후부터 시청 내 정책 결정의 신속성을 높이기 위해 의사소통 과정을 바꿔보고 싶었습니다. 종래의 '보텀업

(Bottom up)' 방식을 '톱다운(Top down)' 방식으로 바꿔 책임 소재를 명확히 하고, 설명 능력을 향상시키기 위해 무엇을 해야 할까 고민했습니다. 간부가 많은 조직에서 간부들과 일일이 '결정이 내려지지 않는 회의'를 형식적으로 반복하고 지연하는 것보다 현장을 담당하는 젊은 직원이 시장과 직접 의견교환을 하는 것이 더 효율적이라고 봤습니다. 그래서 회비제에 의한 자유 참가형의 '의견교환회(소위 노미카이飲み会)'를 만들어 정기적으로 개최하는 편이 보다 새로운 발상을 접할 수 있을 것으로 판단했습니다.

지금은 각 과에서 일정을 조정해 젊은 직원이 시장에게 직접 마음속에 있는 생각과 아이디어를 말하는 자연스러운 의견교환의 장이 됐고, 연중행사처럼 정착돼 벌써 두 바퀴가량 돌았습니다. 또 의견교환회에 부장과 과장은 참석할 수 없도록 함으로써 다음 날 아침 그 조직 내에 퍼지는 일종의 기분 좋은 긴장감도 흐르게 했습니다. 이로 인해 시장과 젊은 직원과의 거리감은 확 줄어들었습니다. 이것은 고의로 간부들을 멀리하려 한 것이 아닙니다. 지금은 정책 입안 단계에서부터 현장의 소박하고 신선한 제안을 직접 메일로 받고 있습니다.

현재의 히라도시 고향납세 시스템을 고안한 구로세 게이스케 직원은 1회 때 멤버였습니다. 의견교환 자리에서 구체적인 이야기는 없었지만, 나중에 이러한 메일을 보내왔습니다.

"시장님, 고향납세를 어떻게든 해보고 싶습니다. 현재 물산진흥과에서 총괄하고 있는 히라도세토 시장의 선물용 팸플릿을 그대로 답례품에 사용해도 문제가 없을까요?"

구로세 직원은 기획재정과에 근무하기 전에는 오랫동안 『홍보 히라도』의 편집책임자로서 매력 있는 홍보지 작성에 그의 디자인 감각을 유감없이 발휘했습니다. 그의 손에서 태어난 『홍보 히라도』는 2008년 일본홍보협회가 주최한 전국 지자체 홍보담당자 '전국홍보지 콩쿠르'에서 6위에 빛나는 멋진 성과를 보여줬습니다. 구로세 씨는 공무원 신분이지만 휴일에는 친구가 경영하는 이벤트 기획사의 자원봉사자로 각종 이벤트를 돕고 있습니다. 또 뮤지션이기도 합니다. 이런 활동을 통해 항상 '무대는 관객을 위해 어떻게 연출돼야 하는가'라는 고객 중심의 눈높이와 시각이 그에게는 잘 갖춰져 있다고 생각합니다.

구로세 직원이 보내온 다음 메일은 "답례품에 포인트제(1만 엔 기부에 4,000포인트 부여)를 도입하고 약간의 게임성을 가미한 재미있는 시스템으로 만들고 싶은데, 몇 군데 관계기관과의 교섭에 있어 예산과 절차가 필요합니다. 응원을 부탁드립니다"라는 내용이었습니다. 점점 일에 대한 열정이 뜨거워지고 있다고 느꼈기 때문에 "하고 싶은 대로 해도 좋아요. 나중의 책임은 내가 질 테니. 뭔가 문제가 있다면 언제라도 상담하러 오세요"라고 일임했습니다.

그의 발상은 단순히 재원 확보에 머무르지 않고 지역진흥으로 이어질 가능성이 충분했습니다. 더욱이 홍보담당 시절에 자주 현장을 둘러보고 조사해 생산자의 얼굴도 잘 알고 있어 현장의 고민과 과제도 파악하고 있었습니다. 그가 제안해온 '게임성을 가미한 재미있는 시스템'이라는 표현엔 저도 공감했고 다음 제안을 즐거운 마음으로 기대했습니다.

사실 여기서부터 구로세 직원의 쾌조의 진격이 시작됐다고 말할 수 있습니다. 이어져 나오는 아이디어는 마치 민간의 경영컨설팅과 동일한 수준이고 신속함과 재미 등에서 기부자의 선의에만 의존했던 고향납세제도의 실정을 완전히 바꿔놓았습니다.

> '선의를 바라는 기다림의 자세'에서
> '게임성이 가미된 즐거운 시스템'으로
> 고향납세제도 전략을 바꾸다

물산 거점인
'히라도세토 시장' 개설

제가 시장에 취임해 처음으로 시도한 것은 지역 현안이자 대규모 예산이 수반되는 '다비라항구 시사이드(sea side)지역 활성화 사업'입니다. 이것은 항만시설의 유효한 활용에 관한 것이었습니다. 다비라항은 나가사키현이 관리하는 곳이어서 당초 주차장 정비사업만 진행됐습니다. 2009년 10월 실시된 히라도 시장 선거에서 공약으로 다비라항의 항만 기능을 높이기 위한 상업시설 정비를 내걸었습니다. 그 재원은 국가의 산탄産炭지역활성화기금을 활용하는 것이었습니다. 이 기금은 예전부터 산탄지(옛날 다비라정田平町은 산탄지였음)이던 지자체에 새로운 고용 확대를 위한 정비자금으로 준비된 것입니다. 당시 가네코 겐지로金子原二郎 나가사키현 지사와 협의해 다비라 항만구역에 기금을 활용하는 것에 대한 충분한 이해를 얻어냈습니다.

시장 당선 후 곧바로 시청 내의 건설과·농림과·수산과·관광상공과·다비라지소 등 관계 부서를 하나로 묶었습니다(그 당시는 현재와 같은 부部 제도를 도입하지 않고 31곳의 과장급 관리직이 존재하는 복잡한 종적 구조였음). 그리고 그 총괄을 시장실이 맡도록 했습니다. 여기에 민간단체로는 나가사키현 어업협동조합연합회 다비라지소, 구주쿠시마九十九島어업협동조합, 나가사키 사이카이농업협동조합, 히라도 상공회의소, 히라도시 상공회, 지역 상점가에서 조직한 히노우라상점가조합 등이 참여하는 프로젝트팀을 발족했습니다.

사실 이 과정에는 운영 모체의 위탁처 선정과 상업시설 정비에 따른 건물의 설계, 이들 기관과 시설의 기능 등을 구체적으로 어떻게 할 것인가라는 과제가 복잡하게 얽혀 있었습니다. 게다가 시청의 종적 조직과 민간의 세력 다툼 때문에 초기 단계부터 사업이 지연되며 진전되지 않았습니다. 하지만 기금 활용의 기한이 2011년 12월까지 얼마 남지 않은 상황이었고, 이번 기회를 놓치면 사업 자체를 단념해야 하는 사태가 예상돼 취임하자마자 시장 직속의 추진 기관으로 권한을 집중시켰던 것입니다.

시청의 담당 반장과 행정 스태프는 이러한 시간적 제약과 복잡하게 얽힌 모든 과제를 빈틈없이 챙겼습니다. 그 후 본 사업에 관한 민간 전문가의 조언을 듣는 방식으로 속도를 내 2011년 내 완성이라는 목표를 이뤘습니다.

처음부터 저는 '히라도산, 혹은 히라도 시내 사업자의 상품만 판다'는 나름대로의 원칙을 세웠습니다. '현장의 어업인과 농업인 등 생산자가 가격을 매겨도 좋다'는 식으로 생산자의 의욕을 북돋웠고, '좋은 상품은 그에 걸맞은 가격으로 팔자'라는 콘셉트를 호소했습니다.

물론 이러한 판매 방법에 이견을 보이는 세력도 당연히 나왔습니다.

"그렇게 비싼 가격에 팔릴 리가 없다."

"히라도산만 고집해서는 상품을 갖추기 어렵다."

이 정도의 예상할 수 있는 비관론은 그래도 괜찮았습니다. 하지만 "그렇게 하면 실패해 폐점할 것이다"라는 비난도 많이 들려왔습니다. 이러한 분위기 속에서는 생산자가 조합원으로 참가하기 어렵기에 처음에는 100명 안팎의 신청자밖에 없었습니다.

그 후 시청 담당 직원을 비롯해 운영을 담당한 '히라도 다비라항구 시사이드 지역 활성화 시설이용조합(현재는 히라도세토 시장 운영조합)'의 소가와 다케히로曾川孟浩 조합장, 야마노우치 아사지로山内淺次郎 점장 등 이사들의 끈질기고 강력한 추진이 있었습니다. 그 결과 현재는 300명이 넘는 조합원을 모아 3,000종류 이상의 히라도산 상품을 점내에 진열할 수 있게 됐습니다. 판매하는 곳과 생산자 측이 일치단결해 신뢰 관계를 구축하면서 서서히 고정 고객이 늘어나는 등 재구매의 지지를 얻게 됐습니다.

히라도세토 시장

매출은 순조롭게 계속 늘어나 당초 연간 '2억 엔을 달성하면 성공'이었던 것이 3억 엔을 넘겼고 2년째에는 5억 엔이 됐습니다. 그리고 3년째가 되는 2014년 결산에서는 7억 엔에 육박할 정도로 해를 거듭할수록 매출이 증가했습니다. 역시 '지역에서 생산한 좋은 상품에 대한 원칙'의 콘셉트가 소비자로부터 강한 신뢰를 얻은 것입니다. 아울러 경영진과 조합원의 하나 된 팀워크가 커다란 결실을 맺은 것이라 할 수 있습니다.

> '팔리는 상품 중심의 다양한 구색'에서
> '히라도산만 취급한다는 원칙'을 철저히 지키고,
> 조금 비싸도 좋은 상품만 갖추는 전략으로 변경

소량 다품목을 세트화해
'지역 브랜드'로 전개

앞 장에서 서술한 것처럼, 계절 한정의 소량 다품목이라는 이유로 브랜드화에 대응하기 어려웠던 상황을 어떻게 타개하는가가 히라도시물산 전략의 핵심 키였습니다. 처음에는 이렇다 할 방법을 찾지 못하고, 시청의 행정 담당부서와 어협·농협·상공단체 등 각종 생산조합은 매년 수차례 개최하는 이벤트 전시 직판에만 모든 에너지를 쏟았습니다. 그 결과 일정의 정보 발신 효과와 사업 수익을 얻을 수 있었습니다. 하지만 히라도 시내의 소비자 혹은 히라도를 방문한 관광객에게만 전달되는 홍보에 지나지 않아 다른 선진 지자체와 브랜드화로 성공한 산지에는 도저히 당해내지 못했습니다. 또 행정 담당자와 물산 관계자는 자기만족화돼버린 기존 판매촉진 대책을 반복하면서 체념에 가까운 피로감이 조금씩 쌓여갔습니다.

결국 연간 지속적으로 단일 상품을 공급해야 하는 기존의 '상품 브랜드화' 개념을 과감히 버리고, 정반대로 '계절 한정 소량 다품목'이라는 단점을 '지역 브랜드화'로 살려나가면 어떨까 생각했습니다.

대도시권에서 인기 있는 소매 점포에 '히라도 코너' 판매대를 설치하는 것입니다. 또 고급스러움을 즐기는 레스토랑에는 '히라도 메뉴'로 제철 요리를 제공하는 방식, 즉 '계절별로 판매 상품을 바꿔간다'는 방법을 고안했습니다. 당연히 그 판매처에는 상품이 지닌 매력에 그치지 않고 생산 현장의 정보와 생산자의 얼굴이 보이는 연출이 가능해 소비자의 신뢰를 높일 수 있습니다. 또 관광 팸플릿 등을 옆에 비치함으로써 물산뿐만 아니라 관광정보 제공도 가능하다고 판단했습니다.

이 제안은 계절별로 바뀌는 특산품과 싱싱한 수산물의 양과 질에 대해 약간의 불안은 있었습니다. 그렇지만 거래처에서 행정기관이 확실히 뒷받침해주고 있다는 민관 협력 체제를 높이 평가했습니다. 후쿠오카 시내의 몇 군데 노포 백화점과 식자재에 특별히 신경을 쓰는 레스토랑에서 우리 제안을 흔쾌히 받아주는 성과가 나왔습니다.

또 이러한 생각에 찬성해준 도쿄 이타바시구板橋区 오야마정大山町에 있는 '해피로드(happy road) 오야마 상점가' 내의 '방금 수확한 마을(とれたて村)'과도 2013년부터 거래를 시작했습니다. 오야마 상점가는 도쿄 이케부쿠로역에서 도부토조센으로 세 번째 역 근처에 있는 수도권에서도 손꼽히는 유명 상점가입니다. 산지 직송점인 '방금 수확한 마을'은 전국 지자체 15곳의 매력 있고 개성 있는 특산품을 판매합니다. 이뿐만 아니라 이타바시구 내의 학교급식 식재료 공급도 실시 중입니다. 2014년에는 이러한 추진이 전국의 모범이 돼 농림수산대신상을 수상했습니다. 시상식 자리에서 아베安倍 당시 총리에게 아키에昭惠 부인의 생일 선물로 축하 메시지와 함께 히라도산 아마나쓰(甘夏·여름 감귤류)를 맛볼 수 있도록 제공하는 기회도 가졌습니다.

이러한 물산 전략을 끈질기게 밀어붙인 사람은 히라도시 산업진흥부 상공물산과 소속 직원 히사토미 다이키久富大輝 씨입니다. 그는 고교 시절에 가라테 선수로서 전국 챔피언에 오른 실력을 지닌 무도인입니다. 이러한 무도인의 인격에서 자연스레 배어나오는 의리와 예의는 물론이고, 친숙하게 웃는 얼굴은 많은 유통 관계자와 바이어의 마음을 사로잡았습니다. 그로 인해 히라도산 상품은 후쿠오카 도시권에 그치지 않고 관서와 관동에 이르기까지 널리 확산돼 서서히 '히라도'라는 이름의 인지도를 높이는 데 성공했습니다. 그는 신속한 대응을 통해 거래처와의 신뢰 관계를 쌓아가는 모습을 페이스북에 실시간으로 올려 누구나 확인할 수 있게 했습니다. 그리고 저는 '좋아요!' 버튼을 클릭해 공감을 표시했습니다. 히사토미 직원은 다음 단계의 목표를 위해 활동 범위를 더욱 넓히며 어느 누구보다 적극적으로 업무를 추진 중입니다.

이러한 노력으로 계절 한정의 소량 다품종 채소와 가공식품의 판매는 '히라도 코너'를 통해 더 늘어갔습니다. 현재 도쿄 JR유라쿠초에키마에 한쪽에서 '히라도 마르셰'가 주말마다 열리고 있습니다. 또 가나가와현神奈川県 아쓰기시厚木市 오다큐선 혼아쓰기역에서 걸어서 5분 정도 거리에 있는 '아쓰기시 마루고토숍 아쓰마루'에서도 거래가 이뤄져 많은 히라도 팬 고객들에게 쇼핑의 즐거움을 주고 있습니다.

또 하나 새로운 판매 거점이 후쿠오카시 중심부에도 탄생했습니다. 규슈 경제계를 선도하는 서일본철도주식회사 그룹의 대형 고급 슈퍼마켓인 니시테쓰四鉄 스토어 '레가넷'이 오픈했습니다. 이어 2015년 7월에 하카타의 번화가인 나카스카와바타역에 연결된 빌딩 1층에 '레가넷 큐트'가 개설돼 이곳에서도 '히라도 코너'를 상설 운영했습니다. 여기에 이르기까지 히사토미 직원의 남다른 열정과 개성으로 입증한 에피소드가 있어 소개합니다.

　그는 2009년 물산 담당자로 옮기기 직전부터 후쿠오카시의 호텔과 백화점 등에서 기간 한정으로 실시한 '히라도 페어' 이외에도 '고급 슈퍼에 히라도 식품 코너를 당당히 개설할 수 없을까'를 고민했습니다. 그래서 후쿠오카시의 최대 번화가인 덴진 지구에 닥치는 대로 잠입해 운영 상황을 둘러봤다고 합니다. 고급 슈퍼 '레가넷 덴진'이 상품 구색도 좋고 많은 손님으로 북적거리는 모습에 반해 상점 내를 어슬렁거리며 상품의 팔림새를 장시간 관찰했습니다. 그러던 중 사복 경비원이 다가와 사무실로 데리고 가서 수상한 행동에 대해 물었다고 합니다. 그는 정직하게 자신의 신분을 밝히고 상점 내를 관찰한 동기와 히라도 물산을 대소비권에 판매하고 싶다는 솔직한 심정을 정감 있게 호소한 결과 죄를 묻기는커녕 점장을 소개해줬다는 것입니다. 이를 기회라고 느낀 그는 자신의 행동을 사과한 후에 히라도 상품의 취급 요청을 열정적으로 설명했다고 합니다. 지금까지 '레카넷 덴진'은 지자체와 협력해 상품 기획을 해본 적이 없어서 점장은 난색을 표했지만, 어쨌든 강한 인상을 줬던 영업활동이었습니다.

　그 후 동일한 니시테쓰그룹의 니시테쓰 그랜드호텔에서 '히라도 페어'를 실시할 때 담당자와의 인연으로 정식 제안을 할 기회도 얻었고, 비록 기간 한정이긴 했지만 '히라도 코너'를 설치해 2011년부터 3년간 운영했습니다.

이러한 경험을 토대로 히사토미 직원은 이후에도 끈질긴 영업 공세로 새로운 점포 '레가넷 큐트' 오픈에 맞춰 히라도 코너의 입점을 밀어붙였습니다. 이처럼 히사토미 직원은 '히라도 식품이 당당하게 진열되는 점포'를 지속적으로 추진했습니다.

저도 오픈 1주일 후에 '레가넷 큐트'를 방문했는데, '슈퍼보다는 작고 편의점보다는 크다'는 캐치프레이즈를 내걸고 있었습니다. 많은 고객으로 넘쳐나는 가운데 '히라도 코너'를 알리는 포스터 등이 장식된 것을 보고 무척 감격했습니다. 그래서 이렇게 협조해준 가마치 다카히코蒲池孝彦 점장에게 깊은 감사를 표했습니다. 이후 이곳 히라도 코너에는 계절별로 신선하고 맛있는 제철 상품이 계속 진열됐습니다.

> 정시·정량 공급이 아니면 성립하기 어려운
> '상품 브랜드' 전략에서 '히라도 코너'를 통해
> 계절별 소량 다품목을 제공하는 '지역 브랜드'
> 전략으로 전환

기존 카탈로그의 활용에서 벗어나
전면 리뉴얼로 진화 _____

고향납세 담당자인 구로세 직원에 대한 이야기를 다시 해보고자 합니다. 2013년에 그가 처음으로 시도한 고향납세 특전 카탈로그는 히라도시 물산진흥과가 '히라도세토 시장'에서 오추겐(お中元·8월경 여름에 신세 진 분에게 보내는 선물—옮긴이)과 오세이보(お歳暮·연도 말에 신세 진 분에게 보내는 선물—옮긴이)용으로 판매하기 위해 만든 것입니다. 상품을 단순히 라인업한 것을 그대로 활용하고 가격을 포인트로 교환하는 정도였습니다. 그렇다 하더라도 메뉴는 26종으로 적지 않았는데, 그때 시점에서 볼 때 선도적인 지자체의 답례품 수와 비교하면 많은 편은 아니었습니다.

다만 겉으로 보이는 카탈로그 자체만 보면, 어느 지자체에나 있는 사진과 포인트가 표기된 것이었기 때문에 누구도 주목하지 않았습니다. 이미 나가사키현 내 각 지자체에서도 유사한 추진이 시작돼 특별히 히라도가 주목받을 건 없었습니다.

구로세 직원의 아이디어와 비주얼 센스가 유감없이 발휘된 것은 다음 해 카탈로그 전면 리뉴얼 때였습니다. 프로 사진가를 기용해 사진을 멋지게 촬영하고 본인의 센스와 기능을 발휘해 다이내믹하면서도 부드러운 색 사용의 레이아웃 페이지가 탄생했습니다. 마치 백화점의 '우수 단골고객용 카탈로그'처럼 수준 높고 매력적인 것으로 완전히 새롭게 바뀐 것입니다.

카탈로그는 오른쪽부터 열면 답례 상품의 라인업이 나옵니다. 왼쪽부터는 고향납세 구조에 대한 설명으로 구성돼 읽는 사람들이 한눈에 알아보기 쉽도록 편집돼 보는 것만으로도 이것이 어떤 상품인지 궁금하게 하고 사고 싶은 마음이 들도록 꾸몄습니다.

무엇보다 전국의 지자체 관계자가 히라도시를 주목한 것은 획기적인 포인트제도입니다. 이 제도는 기존과 달리 기부액에 따라 포인트가 부여되고 이월해 영원히 적립할 수 있도록 한 것이 특징입니다. 포인트를 모아 고액의 상품도 답례품으로 받을 수 있는 기대감과 즐거움이 새로 생긴 것입니다. 이러한 방식의 포인트제도는 고향납세제도 도입 이후 생겨난 전국 최초의 아이디어로 기부자의 마음을 크게 사로잡았습니다.

새로운 카탈로그를 대표적인 고향납세 사이트인 '후루사토초이스(ふるさとチョイス)'에도 올려 인터넷상에서 기부를 신청할 수 있도록 했고, 신용카드 결제도 가능하도록 해 편리성을 더 높였습니다. 그야말로 인터넷 시대에 어울리는 서비스와 수요자 니즈에 맞춘 '고객 눈높이'로 대폭 개선한 것입니다.

2014년에는 그동안 26종에 불과하던 메뉴 수가 83종으로 크게 늘어나 단번에 주목받기 시작했습니다. 2015년 6월 리뉴얼 때는 놀랍게도 메뉴 수가 110종이나 됐습니다. 정말이지 저 자신도 놀람과 동시에 읽어보는 것만으로도 즐거워지는 멋진 카탈로그가 만들어졌습니다. 역시 전국 홍보지 콩쿠르에서 6위라는 빛나는 성과를 낸 구로세 직원의 탁월한 능력과 현재에 안주하지 않는 열정이 빚어낸 감동 그 자체였습니다.

그리고 2014년, 드디어 고향기부금 실적에서 전국 1위라는 영예를 안았습니다. 이로 인해 히라도시는 나가사키현 내 지자체 가운데 가장 화제가 됐고 타 지자체로부터 수많은 연수단을 맞이했습니다. 사세보시와 미나미시마바라시南島原市 등의 경우는 '히라도 방식'으로 카탈로그를 더 충실하게 만들어 지역의 매력을 알리려는 움직임도 보였습니다.

하지만 전국적으로 카탈로그를 멋지게 만들고 있는 지자체가 많고, 뛰어난 품질의 특산품도 꽤나 많이 소개되고 있습니다. 서점에도 고향납세 관련 책과 잡지가 많이 등장하는 등 지역 간 경쟁이 점차 심해지는 경향이 있어서 고향납세에 관심을 가진 분들의 입장에서 보면 전부 받고 싶은 답례품들뿐이라 선택하는 데 고민에 빠질 것 같습니다.

히라도시는 2014년에 카탈로그를 약 5만 부 인쇄해 인터넷이나

TV 등을 보고 신청하신 분들에 한해 우편으로 발송 중이며, 현인회나 지역 고교 동창회 등에는 직접 배부하는 형태로 홍보를 하고 있습니다. 카탈로그는 보기 좋고 읽기 쉬우며 상품의 메시지 전달성이 승부를 가른다고 생각합니다. 히라도시의 카탈로그를 아직 보지 못하신 분들은 시청에 전화나 메일 등으로 신청해 실제로 받아 읽어주십시오. 사진과 상품을 대충 훑어보는 것만으로도 즐거움을 느끼실 수 있을 것으로 확신합니다.

> 카탈로그를 단순히 상품을 소개하는 것에서
> 읽고 보고 즐거움을 느끼는 것으로 바꿔…
> 이러한 두근두근 설렘의 감정이 기부로 이어지다

답례품 포인트제도가 주는
기부자와의 '연결고리' 효과

상품 판매의 기본은 재구매를 어떻게 가능하게 할 것인가라는 점에 있습니다. 이것은 반복적으로 사용하고 싶은 상품의 가치와 신용, 그리고 계속 이용하는 데 따른 이점이기도 합니다. 이런 측면에서 포인트제도는 계속 이용하게 할 동기를 지속적으로 부여해줍니다. 라쿠텐 카드나 이온그룹의 WAON 카드 사례를 통해 알 수 있듯이 포인트를 모으기 위해 그 상점이나 시스템과 계속 거래하고 싶은 심리가 생기는 것이라고 볼 수 있습니다.

2015년 3월 기준으로 히라도시의 전체 기부자 수는 약 3만 7,000명입니다. 이는 히라도시에 사는 시민 3만 3,500명을 웃도는 인원수입니다. 기부자 3만 7,000명 가운데 기부액에 따라 부여된 포인트를 연도 내에 사용하지 않고 다음 해로 이월한 기부자는 1만 3,000명 정도입니다. 다음 해로 이월한 전체 포인트는 약 3억 2,400만 포인트로 이것은 지난해 포인트 총수 약 6억 5,000만 포인트의 절반에 이릅니다. 즉 지난해 기부자 가운데 대략 3분의 1은 다음 해에도 히라도시에 기부해줄 가능성이 매우 높다고 할 수 있습니다. 가령 1만 3,000명의 기부자가 다음 해에도 최저 1만 엔의 기부를 해준다고 하면 1억 3,000만 엔의 기부금이 모금된다는 계산이 나옵니다.

다른 지자체는 기부에 대한 답례로 특산품을 보내고 그것으로 끝나버리는 경우가 대부분인데, 히라도시와 기부자는 포인트가 '연결고리'가 돼 히라도시의 매력과 가치를 공유하는 점이 다릅니다. 게다가 히라도시는 기부자에게 다양한 정보를 지속적으로 제공하면서 질리지 않고 거래를 계속할 수 있도록 했습니다.

향후 사회는 정보기술(IT)의 진전과 더불어 생활양식과 가치관이 크게 변화할 것입니다. 이미 돈이라는 화폐를 지니지 않고 카드나 인터넷상에서 포인트로 적립해두는 서비스가 시작되고 있습니다. 히라도시 고향납세제도도 이 시대의 흐름에 빨리 올라타 사업을 진전시킬 수 있었습니다. 아마도 기부액에서 일본 최고라는 결과는 인터넷에의 유연한 대응과 상황에 따른 신속한 반응이 높게 평가받은 덕분인지도 모릅니다.

이뿐만 아니라 적립된 포인트를 사용해 히라도를 여행할 수 있는 '체험형 관광'도 새롭게 추진할 예정입니다. 각각의 지자체가 식료품의 매력만으로 서로 경쟁을 하다가 소비자가 질려버린다면 모든 것이 끝납니다. 이런 점에서 히라도에 가지 않으면 체험할 수 없는 것을 기획할 경우 또 다른 답례품으로서 매력이 생겨납니다. 즉 '히라도에 가보고 싶다'는 기분을 이 포인트가 끌어내준다면 관광 활성화와 교통의 발전도 예상됩니다. 그야말로 새로운 '지역화폐'의 효과라고 할 수 있습니다. 그리고 이용자가 재구매함으로써 '제2의 고향' '마음 편안한 고향'의 연결고리로 히라도시를 자리매김할 수 있을 것입니다. 이것이야말로 고향납세의 중요한 역할이지 않을까 생각합니다.

> '답례품'이라는 일회성 교류에 그치지 않고 영원히
> 사용 가능한 포인트로 '가치의 계승' '적립의 즐거움'을
> 연출해 오랜 기간 교류의 '연결고리' 만들기

패키지화를 통한 선물 전략 ─────

최근의 가족 형태는 핵가족화 정착으로 한 세대당 2~3인 또는 고령세대에서는 혼자 생활하는 경우가 증가하고 있습니다. 이처럼 가족 구성의 변화에 따라 소량 다품목 메뉴가 인기입니다. 특히 생선이라면 신선함을 유지하면서 비늘과 내장을 제거해 소비자에게 번거로움을 주지 않는 서비스가 요구됩니다. 이러한 시대적 흐름에 맞춰 소량 다품목 상품을 조합해 구입하기 쉽도록 패키지화하는 것을 고안했습니다. 또 오추겐과 오세이보의 선물용 카탈로그를 새롭게 제작하는 등 소비자 니즈에 맞는 아이디어를 히라도세토 시장과 히라도 신선시장 등의 공급 담당자에게 제안했습니다.

예를 들면 '히라도 건어물 세 가지 맛'은 말린 오징어, 내장을 제거한 전갱이, 붉은 꼬치고기, 고등어 건어물이 들어 있는 세트입니다. '정겨운 고래세트'는 살짝 데친 고래(껍질), 붉은 살의 회, 고래의 혀가 조합된 고급스러운 상품입니다.

가마보코(어묵의 일종) 등의 제품도 여러 종류를 모아 '5점 세트'로 조합한 상품을 선보였습니다. 또 삶은 달걀을 식용 붉은 색소로 물들이고 생선을 으깬 어육으로 외부를 싼 후 튀겨낸 '아루마도'라는 향토 일품요리, 그리고 여러 개를 조합한 '히라도 맛 비교세트' 등도 생겨났습니다.

신선 수산물의 경우도 상식을 뛰어넘는 조합이 이뤄졌습니다. 지금까지 어민은 어시장에서 경매로 거래할 경우 규정된 발포 스티로폼 상자에 크기나 모양을 맞춘 일정 수의 생선을 넣어야만 했습니다. 다시 말해 모양이 가지런하지 않으면 잡어 취급을 받아 값을 터무니없이 후려치기 때문에 잘 갖춰지지 않은 경우 어협에서 다시 정리해 출하하든가 가족 소비용으로 사용됐습니다. 어지간히 큰 고급 생선이 아니면 한 마리로 높은 가격을 받기는 불가능한 것이 상식이었습니다.

이것을 역으로 이용해 히라도세토 시장은 한 마리도 출하가 가능하도록 했습니다. 히라도 근해에서 어획된 어개류를 계절별로 섞어 담은 '히라도 지역 생선 모음'으로 상품화한 것입니다. 이러한 역발상은 어민에게 합리적인 거래 방법으로 평가받았고 생산 의욕도 높이는 효과로 이어졌습니다. 소비자도 매일 달라지는 어획물 중 엄선된 제철 어개류가 배송되기 때문에 다음에는 어떤 것이 배송될지 기대감이 더 높아졌습니다.

그리고 무엇보다 주부들에게 인기 있는 것은 '히라도 와규 스키야키 세트' '히라도 와규 야키니쿠 세트' '히라도 돈 샤부샤부 세트' '히라도 나쓰카 방어 샤부샤부 세트'입니다. 이 세트들에는 신선한 지역산 채소가 같이 배송되기 때문에 채소를 사러 가는 번거로움이 없습니다. 게다가 '히라도 로망'이라는 신선한 균상재배 표고버섯이 가득 담겨 있기 때문에 더욱 좋아합니다.

특히 앞에서 서술한 날치와 고래 가공품 등 고급품만을 패키지로 한 '히라도 고유 일품 세트' '히라도 날치 모음' 같은 히라도시의 계절감을 느낄 수 있는 상품이 계속 생겨났습니다. 이러한 흐름 속에서 2014년 히라도시 고향납세 답례품 중 가장 인기 있는 상품이 된 '히라도세토 이야기'가 등장했습니다.

> 한 품목으로 집중하는 것이 효율적이라는 발상에서
> 벗어나 소량을 조합해 다양함이 넘치는 패키지로
> 소비자 니즈에 대응하다

상품의 '스토리'화

인기 상품 '히라도세토 이야기'는 부채새우, 소라, 참굴(또는 석화), 보라주머니가리비 모둠입니다. 부채새우는 매미새웃과에 속하는 종으로 비교적 얕은 바다의 모래진흙에서 서식하는데, 특히 히라도시의 섬 남부지역 시지키志々伎어협에서 많이 잡힙니다. 작고 모양이 괴상하게 생겨 수십 년 전까지는 가치를 제대로 인정받지 못해 저인망과 자망 등으로 어획돼도 버려지든지 가정 내 소비 정도에 머물렀습니다. 그러나 회로도, 된장국 다시용으로도 대하에 버금갈 만큼 맛있다는 이야기가 나오기 시작하면서 미식가들이 선호하는 재료로 각광받고 있습니다. 보라주머니가리비는 국자가리빗과에 속하는 쌍각류로, 커다란 조개관자와 외투막(히모) 등은 숯불구이로 먹으면 최상의 맛을 자랑하는 조개입니다. 또한 조개껍데기가 빨강·노랑·보라 등 여러 색상이어서 식용 후 수조에 넣거나 정원석 등에 진열해두면 가치 있는 장식품이 됩니다.

즉 한 개만으로는 잘 팔리지 않는 어개류도 몇 개를 조합함으로써 상품의 가치가 높아지고, '히라도에서밖에 팔지 않는다'는 오리지널 상품이 탄생된 것입니다.

어개류를 세트화한 상품은 지역 어협→지역 어시장→중앙도매시장(도쿄 쓰키지 시장 등)→소매점→소비자라는 기존 경로로 유통시키면 각 단계에서 수수료가 붙어 가격이 비싸집니다. 또 일정 수량을 확보하지 못하면 거래할 수 없었기 때문에 그동안 조합이라는 서비스는 불가능했습니다.

여기에 특별히 적고 싶은 이야기로 '자연산 광어'가 있습니다. 자연산 광어의 경우 히라도섬 남부의 시지키어협이 현내에서 가장 많은 어획고를 자랑합니다. 특히 대형 광어는 별칭으로 '자부통(방석)'이라 불리며 많은 관광객의 입을 즐겁게 해줍니다. 과거에 들었던 이야기인데, 나가사키현 종합수산시험장 연구자가 "현내 이곳저곳의 바다에 광어 치어를 방류해도 결국은 히라도로 모인다"고 말할 정도로 히라도는 훌륭한 어장인 것입니다. 그 이유는 해류 등의 해역환경은 말할 것도 없고, 산이 주는 혜택도 무시할 수 없다고 생각합니다.

제1장에서 소개한 것처럼 시지키산(347m)이 히라도섬의 최남단에 위치하고 히라도 시내에서 유일하게 '산'이라는 글자가 붙어 있습니다. 그 이유는 신화에 나오는 고대의 삼한정벌에 출병한 진구코고의 동생 도키 와케노미코를 모시는 영산으로 신앙의 대상이 된 이후부터라고 합니다. 실제로 산 정상에는 '가미노 미야上の宮', 중턱에는 '나카노 미야中の宮', 산기슭 입구 아래에는 '시모노 미야下の宮', 그리고 미야노우라宮の浦 어항 내에는 '오키노 미야冲の宮' 등 신령이 머무른 장소가 곳곳에 있어 산 전체가 신앙 대상으로 돼 있습니다.

따라서 히라도시는 다른 지역처럼 제2차 세계대전 이후에 일제히 심어진 인공조림이 아니고 오랜 세월을 거쳐 자생하는 천연 수목의 가지와 뿌리를 지니고 있습니다. 그리고 낙엽 등에서 유래한 귀중한 영양원이 천연수와 함께 암반과 토양으로 스며들어 산의 수맥을 타고 주변 해역의 어개류 등에 영향을 줬습니다. 이러한 자연 여건이 광어가 서식하기 좋은 환경이 됐던 게 아닌가 생각합니다. 이것도 하나의 도시

전설이 아닌 '시골 전설'로서 히라도만의 스토리인 것입니다.

> 상품 가치는 단순히 시장가격으로 정해지는 것이
> 아니고 생산자의 애착과 생산지의 역사·환경 등이
> 빚어낸 '스토리'에서 나온다

좀처럼 구입할 수 없는 희귀성 높은
고급 상품도 구입 가능

히라도시 고향납세의 최초 답례품 카탈로그엔 메뉴 수가 26종이었는데, 최근 카탈로그에 메뉴 수가 단번에 110종으로 증가한 것은 앞에서 다뤘습니다. 이것은 기부자들에게 선택의 즐거움을 증가시켰을 뿐아니라 브랜드 전략의 약점을 잘 극복한 아이디어 상품의 창출로 이뤄졌습니다. 즉 기존 소량 다품종의 경우 하나의 상품에 인기가 집중하면 품절 상태를 초래해 손님과의 연결고리가 끊어지기 쉬웠습니다.

이런 점에서 우선 '포인트가 무기한으로 적립된다'는 서비스가 연결고리를 이어가는 데 유효하게 작용했습니다. 기부자에 따라서 보다고가의 상품을 얻을 수 있고, 필요한 것을 구입하기 위해 기다리는 것도 힘들지 않게 됩니다. 또 가지고 싶은 것이 품절돼도 다양한 메뉴가 있어 다른 상품을 선택할 수 있기 때문에 마음이 떠나가지 않습니다. 선택의 폭이 넓어진다는 것 자체만으로도 카탈로그의 매력이 크게 증가한 것이라고 다시 인식하게 됐습니다.

기부액에 따라 부여되는 포인트도 증가합니다. 예를 들면 '25만 포인트'와 '50만 포인트' 등 기부액이 큰 기부자가 포인트로 받을 수 있는 고가의 상품도 있습니다. 그중 하나가 히라도시의 전통공예품인 '히라도 야키'라는 도자기입니다.

'히라도 야키'는 도요토미 히데요시가 대륙 진출을 시도한

히라도 야키平戸焼

1592~1597년 전쟁 시절, 히라도 마쓰라 가문 제26대 시게노부鎭信 공 公이 조선으로부터 도공을 데려와 히라도 지역에서 도자기를 만들도록 한 것이 그 기원입니다. 이후 히라도번藩의 도자기 굽는 가마로서 제조와 기술의 전수가 이뤄졌습니다. 현재 미카와치三川內 도자기로서 사세보시 미카와치정에 현존하고 있습니다. 그곳에서 답례품으로 '히라도 야키' 작품을 만들고 있는 분이 히라도 모에몬가마茂右ュ門窯의 쓰지타 마사미辻田正美 씨입니다.

아름다운 백자에 입힌 정교하고 투명한 조각에는 누구나 마음을 빼앗겨버릴 정도입니다. 이러한 고급품은 좀처럼 선택하기 쉽지 않을 거라는 생각이 들지만, 25만 포인트 상품에 6건의 신청이 있었고 그중 한 사람에게서 기부가 더 들어와 이번에는 50만 포인트의 작품 신청이 들어왔습니다. 이에 따라 쓰지타 씨는 이들의 작품에 더 혼을 담아내고 있습니다.

또 히라도시의 상품으로 '자전거형 전동바이크'가 있습니다. 이것은 히라도시에서 자동차 정비회사를 경영하는 아리야스 가쓰야有安勝也 씨가 개발한 것으로 태양광을 이용하는 충전식 바이크(ISOLA)입니다.

'ISOLA'는 이탈리아어로 섬이라는 의미로, 히라도섬의 풍부한 자연을 차세대에 남겨주고 싶다는 아리야스 씨의 마음이 담겨져 있습니다. 배기가스가 나오지 않는 재생에너지 차량 개발을 시도했던 노력이 전동바이크 탄생의 계기가 됐고, 단 1회의 태양광 충전으로 50㎞를 달릴 수 있는 뛰어난 상품이 만들어졌습니다.

이 전동바이크를 선택하기 위해서는 20만 5,000포인트가 필요합니다. 그런데 가령 이것이 20만 5,000엔이었다면 팔렸을까요? 고향납세라는 시스템이었기 때문에 가능했고 그 매력이 반영됐다고 생각합니다. 실제로 카탈로그 게재 이전에는 판매를 생각하지 않았는데, 게재 후 놀랍게도 현재 17대나 주문이 들어왔습니다.

먹는 것 이외에도 다양한 상품을 준비한 덕에 기부자들도 히라도시의 잠재력을 높게 평가하고 있습니다.

> 답례품으로 선택되지 않을 거라고 생각했던
> 고가 상품이 포인트 무기한 이월제도로
> 선택 가능해져 히라도시 고향납세의 매력을 견인

정기배송 방식으로
재구매 수요 확보

각종 상품을 조합해 연간 여러 차례 배송하는 방식의 메뉴가 있습니다. 그중 '나가사키 히라도의 우마카몬(지역의 농축수산물과 가공품이 여러 개 담긴 꾸러미 형태의 세트상품-옮긴이)'이라는 4만 5,000포인트의 상품은 계절 어개류와 야채류 등의 신선 식품을 격월로 정기 배송하는 것입니다.

예를 들면 2월은 '도미 오차즈케ぉ茶漬け와 채소 모음', 4월은 '감자 소주 세트와 생선 모음', 6월은 '히라도 명과와 히라도 와규 로스슬라이스', 8월은 '히라도 나쓰카주스 모음과 석화(굴)', 10월은 '햅쌀과 날치 소금, 어개류 모음', 12월은 '가와치가마보코와 선어 모음' 등 1년 동안 히라도를 대표하는 맛있는 계절 식재료를 배송하는 메뉴입니다.

2015년엔 연 5회로 횟수는 줄었지만 내용은 더 충실해졌습니다. '히라도돈의 돈가스 세트' '히라도 부채새우 세 가지 맛' '히라도 황금 참복(자주복)' '히라도돈 세 가지 맛' '히라도 황금 장어' 등의 상품 라인업으로 신청한 달의 다음 달부터 배송하는 호화 메뉴를 선보였습니다.

이번에 새롭게 등장한 '히라도 황금 참복(자주복)' '히라도 황금 장어'는 히라도시 남부에서 양식업을 하는 유한회사 마쓰나가松永수산에서 제공하고 있습니다. 이 회사의 사장 마쓰나가 아키히사松永彰寿 씨는 예전부터 '카리스마 어부'로 업계에서 유명합니다. 현재도 후쿠오카 노포 요리점과 직접 거래를 하는 실력 있는 경영자입니다. 그가 독자적으로 고안한 사육 방법을 토대로 히라도 앞바다의 해수를 끌어들여 소중하게 기른 '자주복'과 '장어'를 꼭 시식해보십시오.

특히 동일한 4만 5,000포인트로 '히라도 제철 신선산물'이라는 메뉴가 있습니다. 이것은 히라도 식재료를 연간 9회 배송함으로써 기부자가 직접 구입하러 가는 수고로움을 덜어주는 서비스입니다.

예를 들면, 1월은 '히라도 이른 봄의 채소와 과일', 2월은 '껍질을 포함한 굴', 4월은 '누에콩과 아스파라거스 계절 채소', 5월은 '성게와 전갱이·고등어 말린 것', 6월은 '쌀과 채소', 8월은 '와규 야키니쿠 세트', 9월은 '햅쌀과 날치 세트', 11월은 '쌀과 가을채소', 12월은 '와규 스키야키 세트'라는 형태로 배송합니다. 이 계절 배송의 세트 상품은 기본형으로 준비돼 있습니다.

그리고 연 4회 배송하는 '히라도 먹거리 프리미엄 세트'는 그야말로 히라도시를 대표하는 식재료이며, 4만 5,000포인트로 구입이 가능합니다.

5월은 '히라도 도미와 히라도 짬뽕', 8월은 '히라도 와규 특선 모음', 11월은 '히라도 자연산 아라(자바리)나베 세트', 12월은 '히라도 자연산 광어의 샤부샤부·사시미 세트' 등 훌륭한 상품만으로 구성했습니다. 각각의 식재료는 실제로 히라도 시내에서 계절별로 실시하는 먹거리 이벤트에서 호평을 받은 것들입니다. 한 번이라도 맛본 적이 있는 분은 자기도 모르게 손이 가는 메뉴이기도 합니다. 특히 '아라나베'의 '아라'는 별칭으로 '쿠에'라고도 합니다. 환상의 고급 생선으로 칭송되는 심해어입니다. 외관은 괴상하게 생겼지만 입에 들어가는 순간 탱탱한 식감과 함께 담백함과 감칠맛이 특징입니다. 무엇보다도

히라도 먹거리 프리미엄 세트

피부 미용 성분인 콜라겐이 듬뿍 들어 있는 흰 살 부위는 사시미나 나베 요리 재료로 최고를 자랑합니다.

세트 메뉴의 경우 2015년판 카탈로그에 '히라도 혼마구로'가 추가돼 더욱 업그레이드됐습니다. '히라도 혼마구로 <기와미 이치방極海一審>'는 2015년 5월 도쿄증권거래소에 일부 상장된 도쿄이치방후즈(사카모토 다이치坂本大地 사장)가 '꼭 히라도의 바다에서 키우고 싶다'는 열의에서 시작된 양식 참치입니다. 히라도시 최고봉 야스만다케산에서 흘러내리는 맑은 물과 쓰시마 난류가 만나는 풍요로운 곳에서 길러져 풍부한 맛을 즐길 수 있습니다.

새롭게 만든 프리미엄 세트는 '히라도 혼마구로'와 기존의 '히라도 와규' '도미 오차즈케'에 새로운 '광어 다시마'와 인기 절정의 '부채새우'가 추가되고, 전통 도자기 공예품인 '히라도 야키' 안에 히라도 천연소금으로 만든 '콘페이토金平戸'라는 사탕과자를 넣어 6개 상품으로 구성했습니다. 모두가 히라도산 최고의 품질입니다.

9만 포인트가 되면 프리미엄 6개 상품에 '히라도 먹거리 프리미엄 스페셜'로서 4개 상품이 추가됩니다. 2014년에 호평을 받았던 '자연산 아라나베'에 '최고급 로스 비프', 그리고 '날치 말린 것'과 '히라

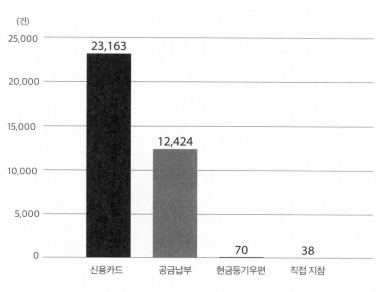

고향납세 납부방법별 건수

도 천연소금'이 상품으로 구성돼 있습니다. 1년 동안 이 정도로 히라도를 대표하는 먹거리를 즐기는 것은 실제로 히라도 시민도 쉽지 않습니다.

그리고 2015년판 카탈로그에서는 하나의 답례품에 인기가 집중돼 공급 부족이 발생하거나 품절 표시가 불가피할 경우에 어떻게 해결할 것인지가 과제였습니다. 고민 끝에 나온 방안은 지금까지 의존해온 고향납세 사이트인 '후루사토초이스'와는 별개로 히라도시 독자적인 고향납세 특설 사이트를 만드는 것이었습니다. 물론 지금까지 해왔던 것처럼 후루사토초이스와의 제휴는 계속 유지했습니다. 최근 다른 지자체의 후루사토초이스 가입이 많아져 히라도시가 두드러지지 않는 경향을 보완하는 차원인 것입니다. 특설 사이트 개설로 히라도시가 계약한 시스템 회사와 야후 공급지불시스템이 제휴함으로써 기부 신청→포인트 부여→답례품 주문의 흐름이 보다 순조롭게 이뤄졌습니다. 특히 회원 등록을 마친 기부자에게 2015년 7월부터 메일로 매거진을 보내고 '특설 사이트 한정 특전 상품'을 설정하는 것도 가능해졌습니다.

즉 회원 등록을 통해 히라도와 특별한 관계를 맺는 것만으로도 한정 상품을 배송받을 수 있도록 기획했습니다. 이러한 구조는 지금까지 생산량 부족과 계절적 제약으로 지속적인 공급이 불가능했던 상품도 선택할 수 있다는 점에서 인기 메뉴로 진화했습니다. 예를 들면 앞에서 소개한 '히라도 나쓰카 감귤 팩'과 2014년 품절됐던 '껍질 포함 석화(굴)', '히라도 아라나베 세트', 그리고 새롭게 데뷔한 '히라도 혼마구로'와 '히라도 황금장어' 등은 계절적으로 수량이 한정된 인기상품이지만 특설 사이트에서 회원 특전으로 제공할 수 있게 됐습니다.

> 생산 능력과 계절적 제약으로 수량이 한정된
> 상품은 정기배송 방식과 회원 한정 특전으로
> 품절되지 않도록 구성

살아남은 사업자가
대표선수로

히라도시가 다른 지자체에 비해 매력적인 답례품 카탈로그를 발행해 주목받은 배경은 게재 상품과 공급자(생산자)의 선택이 비교적 쉬웠다는 점을 들 수 있습니다. 예를 들면 '히라도 나쓰카'라는 히라도를 대표하는 여름 오렌지의 경우 생산 사업자는 유한회사 젠카엔善果園뿐입니다. 양돈 사업자도 하나의 회사밖에 없고 굴 양식 사업자도 두 개의 회사밖에 없습니다.

왜 그런지 과거로 거슬러 올라가보면 1960년대에 평야지역이 적은 히라도시에서는 온주감귤을 중심으로 한 과수원 개발이 이뤄졌습니다. 당시에는 200명 이상의 감귤원예 농가가 있었는데, 1991년 일본과 미국의 무역 교섭에서 쇠고기와 오렌지의 자유화 영향으로 수많은 감귤 농가가 폐업에 몰렸습니다. 또 현 내외 주요 산지의 진출로 시장경쟁에서 서서히 도태돼 불과 몇 농가만 남게 됐습니다. 그 가운데 앞에서 소개한 젠카엔의 곤도 젠자부近藤善三 씨는 모든 농가가 참여하는 온주감귤 재배에 참여하지 않았습니다. 50년 전부터 부모의 반대를 뿌리치고 독자적으로 새로운 감귤을 재배해 '히라도 나쓰카'를 탄생시켰습니다. 지금은 히라도에서 유일무이한 과수원 경영자로 활약 중입니다.

양돈 사업도 동일했습니다. 과거에는 가족 사육 형태가 주류를 이뤘습니다. 그러나 사업 규모가 확대되자 사육장 정비와 악취 등의 환경 대책을 포함한 설비와 사료 확보 등으로 생산비가 늘어나기 시작했습니다. 게다가 저가의 수입 돼지고기와 경쟁이 심해져 대부분의 축산 농가는 일본 고유의 구로게黑毛와규의 번식 경영으로 옮겨갔습니다. 이런 상황 속에서 마에카와 데쓰오前川徹雄 씨는 나가사키현 농업대학교를 졸업한 후 동료와 함께 비용 절감 연구와 오수 등을 바이오 처리해 환경을 배려한 돈사 경영 노하우를 확립했습니다. 그리고 아버지의 뒤를 이어 히라도시에서 유일한 양돈 사업자로 성공을 거뒀습니다.

굴 양식 사업의 경우 가족 소비형과는 별도로 시외 지역으로 판매 사업을 본격 추진했던 곳은 히모사시紐差어업협동조합이었습니다. 그런데 라이벌 산지와의 경쟁으로 피폐해지기 시작했고 시내의 어협 합병을 계기로 축소되면서 쇠퇴의 길로 접어들었습니다. 한편 예전부터 히라도시에는 진주 양식 사업자가 여러 곳 있었습니다. 버블경제 붕괴로 진주 등의 보석품 수요가 현저히 줄어서 전국적으로 폐업이 이어졌고, 히라도 해역의 진주 양식 사업도 철퇴를 피할 수 없게 됐습니다.

그러나 당시 다사키田崎진주주식회사 히라도사업소의 소장이었던 기타가와 미치타카北川道隆 씨가 동료 두 사람과 자립의 길을 선택했습니다. 폐업으로 필요 없어진 진주 양식장을 활용해 참굴과 석화를 양식하기 시작한 것입니다. 이것이 바로 '히라도산 굴' '히라도산 석화'로서 오늘날 카탈로그의 인기상품이 됐습니다.

다시 말해 무역자유화와 산지 간 경쟁으로 규모가 축소되거나 폐업을 피할 수 없었던 히라도시의 농림수산업 환경 속에서 그들은 착실하게 원칙을 추구하며 연구를 거듭했고, 생존을 건 도전과 연구 끝에 지금은 지역에서 유일한 대표선수가 돼 지역을 이끌어가고 있습니다.

그동안 1업종 1사업자로는 산지 형성이 어렵고 브랜드화가 힘들 정도로 생산량이 절대적으로 부족했습니다. 그러나 소규모 사업자가 협력해 팀을 이룸으로써 다양성과 풍부함을 모두 갖춘 형태로 바꿀 수 있었습니다.

카탈로그 편집 과정에서 시가 답례품 제공자를 선정할 때 매우 곤혹스러워할 것으로 예상하는 것이 일반적이나, 히라도시에서는 같은 업종 다른 업체와의 경쟁이나 다툼 같은 현상이 전혀 나타나지 않았습니다. 1품목 1사업자로 각각이 유일하게 존재하는 형태였기 때문에 사업 선택에 있어 고민하지 않고 신속성을 꾀할 수 있었습니다.

출하 단체를 관리하는 담당기관을 히라도 관광협회, 히라도 물산진흥협의회(상공회의소 하부기관), 히라도 신선시장, 히라도세토 시장 등 4곳과 이 단체에 참가하는 생산자로 한정했습니다. 그렇다 하더라도 취급 품목이 적고 생산 단체로서의 산물 중복이 없었기 때문에 소위 '집안 다툼'과 같은 사태는 벌어지지 않았던 것입니다.

특히 '히라도 신선시장'과 '히라도세토 시장'은 모두 히라도시를 대표하는 산지 직송 시장이지만 각각의 역사는 그렇게 길지 않습니다. 히라도세토 시장은 앞에서 서술한 대로고, 히라도 신선시장도 현재의 장소에 2004년에 설치된 비교적 새로운 산지 직송 시장입니다. 현재 240명의 조합원으로 연간 3억 엔이 넘는 수익을 올리며 건전경영을 실현 중입니다. 또 각각의 생산 분야에서 강한 리더십과 풍부한 경험을 지닌 베테랑 경영진이 함께 생산 작물의 선정과 가공사업 등의 결정을 신속하게 추진합니다.

히라도시 물산진흥협의회는 행정기관과 함께 수많은 이벤트를 성공적으로 진행해온 파트너입니다. 고향납세라는 새로운 시장에 진출할 때도 과거의 경험을 바탕으로 한마음 한뜻으로 협의가 순조롭게 이뤄졌습니다.

행정기관이 기획해 사업을 추진할 때 가장 큰 고민은 '그 사업이 공정하거나 공평한가'입니다. 당연히 카탈로그 게재라는 사업자 선정에서도 동일한 관점이 불가피했습니다. 지금까지의 실적과 신용은 물론이고 이미 선정된 사업자가 분야별로 소수밖에 없었던 것이 오히려 효과적으로 추진할 수 있는 요인이었는지도 모릅니다.

> 행정기관에서 특정 사업자를 선정하는 것은
> 곤혹스러운 문제지만, 히라도시는 4개 단체로
> 한정하고 이 단체에 참가한 조합원 전원과 거래

Part 04

생산 사이클이
선순환됐다

감귤 착즙 찌꺼기를
양식 방어 먹이로

앞 장에서 언급한 것처럼 답례품 제공 사업자(생산자)들은 각자 개성 있는 사업 추진으로 살아남은 대표선수들이기 때문에 사업자 선정 작업이 비교적 수월했습니다. 그래서 히라도시는 포괄적인 물산 전략을 추진하면서 회의나 미팅을 통해 이들 사업자와 자주 만났고, 시외 지역에서 개최되는 물산 이벤트에도 출전 부스를 함께 꾸리는 등 친밀한 관계를 형성해왔습니다. 이런 교류를 반복하는 사이에 예상 밖의 다른 업종과도 자연스럽게 제휴가 이뤄지면서 히라도에만 있는 매력 넘치는 상품 개발로 진화해나갔습니다.

앞에서 이야기한 '히라도 나쓰카'라는 국내산 여름 오렌지를 재배하는 젠카엔의 곤도 젠자부 씨는 청과 그대로 출하할 경우 판매 시기가 계절적으로 한정된다는 점을 고려해 독자적인 가공품을 개발하기 시작했습니다. 농축 주스와 건강즙은 물론이고 잼과 마멀레이드도 고안해냈습니다. 이외에도 된장과 청고추 등을 기초로 한 조미료, 히라도 나쓰카의 껍질을 끓여서 설탕에 재운 오렌지필(과자 같은 상품)을 만들었습니다.

과즙과 과육을 가공하면 당연히 부산물로 착즙 찌꺼기가 산업폐기물로 나오게 됩니다. 여기에 눈을 돌린 것이 유한회사 사카노坂野수산입니다.

사카노수산은 히라도대교에서 차로 10분 정도 떨어진 섬 서쪽 우스카만湾에 있습니다. 가장 번성했을 때는 25채의 양식 사업자가 있었으나, 현재는 4채만 남아 있습니다. 이 중 사카노수산은 창업자인 92세의 사카노 다케시坂野武 부부를 비롯해 아들이자 현재 사장인 다케히로武弘 부부, 그리고 손자인 유키雄紀·히로키弘樹·하루키晴基 3형제 등 가족 전원이 양식업과 수산 가공업에 종사하고 있습니다.

양식 어종은 새끼방어·도미·고등어·전갱이·쥐치·능성어 등 10종이고, 주로 시내외 음식점과 호텔 등에 납품하고 있습니다. 또 가공품은 쪄서 말린 멸치를 비롯해 날치다시, 전갱이 할복(내장을 빼내고 배를 갈라 펼친 생선-옮긴이), 오징어젓갈 등 20종 이상의 상품을 생산해 소매 점포에 판매 중입니다.

새끼방어 양식의 경우 이미 오이타현과 에히메현愛媛県 등에서 사료에 감귤류를 혼합해 품질향상을 추진하고 있었습니다. 한편, 히라도시 특산품인 여름 오렌지 '히라도 나쓰카'의 즙 찌꺼기를 활용해보자고 생각한 사람은 3형제 중 차남인 히로키 씨였습니다. 상담 요청을 받은 히라도시 수산과는 '히라도 나쓰카' 생산자인 젠카엔과 상담한 후 2013년 10월부터 시험적으로 사료로 사용하기 시작했습니다. 그 결과 청어 특유의 냄새가 없어진 데다 살이 탱탱해지고 개운한 뒷맛까지 풍기는 효과가 입증되며 '나쓰카 방어'가 탄생된 것입니다.

'나쓰카 방어'는 그 후에도 관계자로부터 주목을 받아 2013년 12월부터 시내 직매장에서 점두店頭 판매와 우체국 택배로 시험 판매를 추진했습니다. 이듬해 2월에는 히라도시 고향납세를 본격적으로 다룬 TBS방송 계열의 '나카이 마사히로中居正広의 금요일의 스마일들에게'라는 프로그램에도 등장했습니다. 이 방송에서 데위 수카르노 부인 (Dewi Sukarno·인도네시아 초대 대통령 수카르노의 세 번째 부인-옮긴이)이 리포터와 함께 사카노수산을 방문했을 때 가족 모두가 크게 다뤄져 화제가 됐습니다. 이 덕택에 나가사키현의 '경쟁력 있는 양식어종 만들기 추진 사업'에도 채택되고, 현재는 지적재산의 관리 측면과 판매 촉진이라는 관점에서 상표가 등록된 인기 상품으로 자리 잡았습니다.

생선 찌꺼기를
감귤밭 비료로

한편 젠카엔의 곤도 씨는 사카노수산이 생산한 멸치다시의 제조 공정에서 나오는 생선 찌꺼기가 수산 산업폐기물인 점에 착안해, 생선 찌꺼기를 '히라도 나쓰카' 오렌지즙 찌꺼기와 서로 교환해 감귤 과수원의 비료로 활용했습니다. 생선 찌꺼기를 비료로 준 토양은 칼슘 등 미네랄이 풍부해져 여기에서 자란 '히라도 나쓰카'는 당도 높은 과일로 개량됐습니다. 그야말로 산과 바다의 산물이 서로 융합해 매력 있는 상품으로 재탄생한 좋은 사례라고 할 수 있습니다.

'히라도 나쓰카'의 가공품은 인기 상품으로 자리매김해 나가사키 현이 인정하는 나가사키현 브랜드 농산가공품 인증제도인 '나가사키 사계절밭長崎四季畑'에 지정됐습니다. 이로 인해 과수원 면적이 점차 확대되고 스무 살이 갓 지난 손자가 후계자로서 히라도에 돌아오는 등 좋은 소식도 이어졌습니다. 또 자동차 CM에서 젠카엔의 감귤밭이 무대가 된 것을 보신 분도 계실 것입니다. 그만큼 아름다운 자연경관 속에서 재배되고 있음을 눈으로 확인할 수 있습니다.

앞에서 기술한 양돈업자 마에카와 데쓰오 씨도 돼지 먹이로 시내의 수산 가공업체에서 나온 이리코(멸치)의 찌꺼기를 혼합해 사용 중입니다. 미네랄이 풍부한 사료를 먹고 건강하게 사육된 돼지의 평가는 매우 좋았습니다. 상품명도 '이베리코 돼지'가 아니라 '이리코 돼지'로 하면 더 주목받지 않을까 싶을 정도로 기대를 모으고 있습니다. 육질이 부드럽고 맛이 좋을 뿐 아니라 지방 부분도 맛있다는 평가를 받아 샤부샤부나 구이용 고기로서 '답례품 카탈로그' 가운데 인기가 높은 상품입니다.

이처럼 산과 바다의 산물이 서로 융합해 서로를 지지해줌으로써 어디에도 없는 독자적인 부가가치가 생겨났고, 이것이 더욱더 '히라도산의 매력'으로 이어지고 있습니다.

답례품 공급 단체와의
제휴

2014년 고향납세 기부 총액이 14억 엔을 넘어 일본 제일이라는 빛나는 실적을 거뒀습니다. 이런 성과의 가장 큰 원동력은 역시 생산·공급 현장의 능숙한 대응이라고 확신합니다. 앞에서 지금까지의 히라도시 물산 전략을 서술하고 그 거점으로 '히라도세토 시장'을 소개했습니다만, 실제로는 이것만 있는 것은 아닙니다. 이 밖에도 '히라도 신

히라도 신선시장

선시장' '히라도 물산진흥협의회' '히라도 관광협회' 3개 단체가 고향 납세제도를 든든하게 지지해주고 있습니다.

정식 명칭인 '농사조합법인 히라도 신선시장'은 지역 밀착형 직매 장 형태로 2000년부터 영업을 시작했습니다. 현재 240명의 생산자 가 다종다양한 신선 농산물과 가공품을 제공하고 풍부한 상품을 갖 추고 있는 것을 자랑으로 여기고 있습니다.

또 옛날부터 전해져오는 환상의 채소인 '고히키木引 순무'는 나가 사키 적순무보다 자색이 강해 쓰케모노(절임류)용 순무로 재배됐으 나 근래 들어 점차 쇠퇴하고 있었습니다. 이러한 지역 전통의 '고히키 순무'를 부활시키기 위해 재배 확대에 나서 부드럽고 심박한 맛을 상품화할 수 있었습니다. 이 밖에 새로운 가공상품인 '생강된장'을 생산해 2013년 나가사키현 브랜드 농산가공품 인증제도인 '나가사키 사계절밭'에 지정되는 등 많은 실적을 거뒀습니다.

제2장에서 조금 다뤘는데, 히라도시의 딸기는 다양한 생산 농산물 중에서도 주요 품목으로 자리매김했습니다. 연간 생산액은 2010년 2억 엔 전후였던 것이 2014년에는 2억 8,000만 엔까지 늘어났습니다. 다만 2012년까지는 기존처럼 농협(JA)을 통해 관서지방으로 출하하는 게 대부분이었기 때문에 상품화하기 힘든 작은 크기의 것과 계절 이외의 것은 지역 내에서 소비하거나 가족용으로 돌려왔습니다. 딸기는 계절상품이고 일시에 대량으로 생산되기 때문에 수확이 정점에 이르는 1~2월에는 가격이 떨어지는 등 시장 상황에 따라 경영이 불안정했습니다.

그래서 '히라도 신선시장'은 2013년부터 현과 시의 보조금제도를 활용해 전용 냉동고를 갖추고 기존에 시장 거래가 어려웠던 규격 외의 딸기를 가공용으로 보존해 아이스크림과 잼, 생크림에 딸기를 넣은 딸기롤케이크 등의 상품화에 나섰습니다.

이렇게 지역에 뿌리를 둔 히라도 신선시장은 시민들에게도 높은 평가를 얻어 연간 약 2억 7,000만 엔의 매출을 올렸습니다. 더욱이 이번 고향납세를 통해 '히라도 제철 신선품' 등 계절상품을 정기배송하게 되면서 매출은 더 늘어 2014년에는 총매출이 3억 엔을 돌파했습

가스가 집락의 계단식 논

니다.

2016년 세계유산 등록을 목표로 했던 '나가사키 교회군과 기독교 관련 유산'의 구성 유산 중 하나로 가스가 집락 계단식 논이 있습니다. 히라도 신선시장 판매장 책임자인 이와사키 미사코岩崎美佐子 전무는 2015년 6월 '제철 신선품' 정기배송 상품으로 가스가 집락의 계단식 논에서 생산된 쌀을 900여 기부자의 집으로 배송했습니다. 단순히 기부자의 각 가정에 답례품만을 보낸 것이 아니고, '세계유산 등록을 응원해주십시오'라는 메시지를 담은 정성 어린 쌀을 배달한 것입니다. 히라도로부터 이러한 메시지를 받은 기부자들은 반드시 히라도시의 강력한 응원자가 돼줄 것으로 믿습니다.

두 번째 단체로 '히라도시 물산진흥협의회'는 히라도 상공회의소의 하부 조직으로 1994년 설립됐습니다. 회원은 수산가공업·주조업·과자제조업 등 히라도시를 대표하는 물산을 가공하는 12개 회사로 구성돼 있습니다. 지금까지 시내의 각종 이벤트는 물론이고 히라도시가 우호적인 교류를 지속하는 국내외 도시의 물산 판매 등에도 적극 참가 중입니다.

불과 12개 회사로 구성된 이 협의회가 답례품 총거래액의 37.3%를 점유하고 있어 실질적으로 전체를 이끌고 있다고 볼 수 있습니다. 에피소드를 하나 소개하자면, 어느 날 히라도 와규를 취급하는 이치야마 정육점을 지나가는 길이었습니다. 유리창 너머로 이상하게 새하얀 벽이 생겨 정육점 내부가 보이지 않아서 '도대체 무슨 일일까' 하고 멈춰 섰습니다. 때마침 종업원이 정육점 밖으로 나왔습니다.

제가 "무슨 일이 있습니까?"라고 묻자, "시장님, 이것이 전부 고향납세 답례품입니다. 대단하지요? 시장님 덕분입니다. 정말 너무 고맙습니다"라는 감사의 이야기를 들었습니다. 놀랍게도 새하얀 벽으로 보였던 것은 발송을 위해 쌓아놓은 발포 스티로폼 상자 더미였습니다.

벌써 이렇게까지 됐다면서 기뻐하는 환호 소리만 들려왔습니다. 물산진흥협의회 회장이자 생선 건어물 세트를 판매 중인 모리사키森崎수산의 모리사키 요시히로森崎吉博 씨도 하루하루가 너무 바쁘다고 합니다. 보통 때라면 신사적인 분위기로 점잖게 말하던 모리사키 씨가 "덕분에 돈 많이 벌고 있습니다!"라며 매출 실적을 열정적으로 말해 줬습니다. 고용도 늘었다고 하는데, 이렇게 되고 보니 이제는 생산 현장에서 일하는 종업원들의 건강 상태와 복리후생이 염려됐습니다.

다음 과제는 이런 모든 문제를 해결하기 위한 고용 확대 대책과 설비 투자에 대한 융자 추진 대책을 지원하는 것이라고 생각했습니다. 어차피 경기가 서서히 회복되고 사업자 의욕이 살아나는 방향으로 이어질 것은 틀림없었습니다.

세 번째 단체 '히라도 관광협회'도 이번 히라도 고향납세로 인해 활동이 더 활발해져 스스로 재원 확보에 커다란 성과를 올렸습니다. 답례품 메뉴는 생산품에 머무르지 않고 히라도 시내 숙박 시설과 관광 명소를 결합시켰습니다. 그리고 자원봉사 가이드가 해설과 안내 서비스 등을 제공해, 히라도시에 찾아온 가치를 충분히 느낄 수 있도록 방문형 상품도 기획했습니다. 이 중에는 쇼와昭和 덴노天皇·코고皇后 양 폐하가 머무른 국제관광호텔 기쇼테이旗松亭의 귀빈실 숙박권(10만 8,000포인트)과 히라도 항구가 내려다보이는 언덕에 위치한 일본풍 건축물 사이게쓰안彩月庵의 외딴 방 숙박권(15만 포인트)도 포함돼 있었습니다. 실제로 가족끼리 여유 있는 시간을 보내기 위해 이곳에 찾아오는 기부자도 있습니다.

고향납세 기부액별 건수

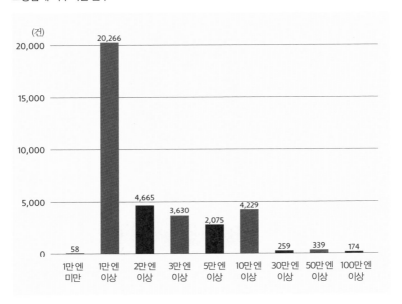

특히 히로시마현의 기부자로부터 배낚시 상품에 5명의 예약 주문이 들어와 히라도 근해에서 다이내믹한 낚시(12만 6,000포인트)를 만끽하도록 했습니다. 또 관광협회는 연간 먹거리 이벤트인 '히라도 와규 만들기' '히라도 광어 축제' '히라도 아라나베 축제' 등의 실적을 토대로 히라도 먹거리 프리미엄 세트(4만 5,000포인트)를 위탁받아 제공했습니다. 당초 35세트를 준비했으나 800건이 넘는 신청이 들어와 패닉 상태에 빠진 경우도 발생했습니다. 기부자와 개별적 상담을 통해 양해를 구하고 어떻게든 계절이 좀 지나서라도 배송할 수 있도록 최선을 다했고 현재는 품절 상태입니다.

답례품 공급 측의 4개 단체가 각각의 구성원 등과 면밀한 제휴를 통해 다양하고 풍부한 상품을 개발하고, 히라도시의 매력을 수많은 기부자에게 전달할 수 있게 됐습니다.

생각지도 않았던
상품의 개발과 경제효과

포인트제 도입 이후 히라도시가 추진해온 외딴섬만의 자연과 역사를 활용한 관광체험을 추가할 수 있게 됐습니다.

히라도 항구에서 정기 페리로 약 40분 거리에 아즈치오시마라는 섬이 있습니다. 인구 1,600명가량의 소규모 외딴섬이지만 와규·감자·도미·오차즈케 등의 농축수산물과 가공품 등 1차 산업이 왕성한 지역입니다. 또 섬 내에는 거대한 풍력발전소가 16기 설치돼 지자체가 참여한 제3섹터로서의 발전량은 일본 제일을 자랑할 정도로 자연에너지 공급기지이기도 합니다.

이러한 섬 환경 가운데 특이한 것은 '삼나무 꽃가루가 아주 적다'

는 것입니다. 삼나무는 섬 내에 자생하는 수목의 1%에 불과합니다. 이른 봄에 많이 부는 북서풍은 외해外海로부터 불기 때문에 다른 지역에서 삼나무 꽃가루가 날아드는 것도 없습니다. 따라서 삼나무 꽃가루로 고민하는 사람들에게 마스크나 안경을 벗고 해방감을 느낄 수 있게 하는 피서지이자 '피분지(避粉地·꽃가루로부터 피난할 수 있는 곳·옮긴이)'입니다.

또 섬의 남동부에 위치한 고노우라神浦 지구는 에도시대부터 쇼와 초기에 걸쳐 지어진 집들이 남아 있는 중요 전통 건축물군으로, 국가의 지정을 받은 풍취 있는 어업집락입니다.

다시 말해 재생가능에너지 등의 생태학습 체험과 삼나무 꽃가루 피분지 체험 테라피, 역사적인 집들의 산책 체험이 세트로 구성돼 즐거움을 만끽할 수 있는 아주 멋진 섬입니다. 이것들은 히라도시 고향 납세의 2014년 답례품으로서 크게 주목받았습니다.

시·정·촌 합병 전의 오시마촌大島村은 이러한 자연과 역사의 혜택을 인식하지 못하고, 당시 관광 선전 표어로 '아무것도 없는 섬'이라는 것만 내세웠습니다. 하지만 실제로 일본 국내에서도 선택받은 환경을 지닌 보물의 섬이라는 것을 서서히 깨닫게 됐습니다. 고향납세라는 거울에 비친 모습을 발견하고 현재 고향에 살고 있는 섬 주민이 스스로 재인식하게 된 것입니다.

또 NPO단체 '히라도 나데시코회(なでしこ会)'라는 그룹이 기획

(구)오시마촌 고노우라 지구에
즐비한 옛날 집들

한 '히라도 포토 웨딩'은 히라도 경치를 배경으로 결혼식 사진을 촬영하는 상품입니다. '금혼식 추천' 형태로 자녀가 금혼식을 맞이하는 부모에게 선물하는 효도 프로그램이기도 합니다.

히라도 시청 현관 입구 옆으로 국가지정문화재인 '사이와이바시幸橋'라는 다리가 있습니다. 이 다리는 1669년 시내를 가르는 가가미강에 목조로 설치됐는데, 그때 주민들의 기쁨을 담아 '사이와이바시

(행복 다리)'라는 이름을 지어 붙였습니다. 그 후 1702년에 일본 최초의 네덜란드 상관商館이 히라도시에 설치됐을 때, 네덜란드 건축 기술을 응용해 석조 다리로 교체됐다고 해서 '네덜란드 다리'라고도 불립니다. 나가사키시의 '메가네바시(眼鏡橋·안경 모양의 다리-옮긴이)'라는 다리가 전국적으로 유명하지만, 오리지널은 히라도시의 '사이와이바시'입니다. 이 다리는 2014년에 일본 낭만주의자 협회로부터 '사랑의 성지'로 인정받았고, 히라도 나데시코회는 이곳을 포토 웨딩 촬영 장소에 포함시켰습니다. 그리고 고향납세 답례품의 하나로 지정했습니다.

2015년 4월 5일 '히라도 포토 웨딩' 제1호 커플이 히라도시를 방문했습니다. 히라도 나데시코회의 회장 나가시마 미치長嶋美智 씨에 따

사이와이바시 '네덜란드 다리'

르면 이 신랑·신부는 5월 가나가와현에서 결혼식을 할 예정이었습니다. 하지만 멀리 후쿠오카에 계신 신부 할머니가 고령으로 참석할 수 없어서 신부 측 부모가 할머니에게 신부의 의상을 보여주고 싶다며 고향납세 답례품으로 포토 웨딩을 신청했다고 합니다. 사진 촬영 전날까지 비가 내려 날씨가 염려됐지만 다행스럽게도 당일엔 쾌청했습니다. 히라도시의 가메오카신사亀岡神社, 히라도대교, 히라도 네덜란드 상관, 사이와이바시, 그리고 세계유산 후보인 국가지정 중요문화재 다비라 천주당에서 촬영을 했습니다. 이 가족은 멋진 자연경관과 역사적 건축물을 배경으로 추억에 남는 사진을 담아 생애의 재산을 서로 간직하는 기념이 됐다고 생각합니다.

제2호 커플은 남편이 고향납세 답례품 재구매자였습니다. 여러 답례품을 보고 완전히 히라도 팬이 됐는데, 카탈로그에 게재된 '히라도 포토 웨딩'에 유독 끌렸다고 합니다. 이 부부는 혼인신고는 했지만 너무나 바쁜 나머지 피로연을 한 적이 없어 이번 기회에 신청한 것이었습니다. 이미 6살 된 아이도 있어서 부모와 아이가 함께 추억 앨범 만드는 것을 도와줄 수 있었습니다.

이처럼 지역 나름대로의 독특한 공간이 하나의 상품이 될 것이라고는 생각지도 못했습니다. 오랜 기간 살다 보니 주변 환경이 익숙해져 너무나 당연한 것으로만 여겼기 때문입니다. 이것을 '비일상적'인 관광자원으로 연결하지 못하고 그냥 보고 지나쳐온 것입니다. 고향납세 답례품을 고안하면서 '이곳밖에 없는 공간'이 높은 가치를 지니고 인기를 모을 수 있다는 사실을 깨달았고, 고향납세제도를 통해 새롭게 느끼고 배울 수 있었습니다.

한발 앞서
기업 니즈에 대응 ————

고향납세제도의 창시자인 스가 요시히데 전 총리(당시에는 관방장관)는 2015년 6월 28일 아키타 시내에서 열린 강연회에서 고향납세제도 적용을 기업까지 확대 강화하는 것을 검토하겠다고 밝혔습니다. 도심부에 편중되기 쉬운 법인으로부터의 세수를 지자체에 배분하는 것이 목적이고, 이르면 2016년부터 실시되도록 재무성이나 총무성에 지시해뒀다고 말함으로써 고향납세제도에 대한 기대가 더욱 커졌습니다.

그런데 히라도시의 경우 기업 니즈에 맞춘 고향납세 답례품 서비스를 이미 실시하고 있었습니다. 원래 고향납세는 개인용 세금공제 시스템이지만 기업이 하는 기부에 있어서도 다른 지자체보다 한발 앞서 대응한 것입니다. 즉 특정기부금인 '국가·지방공공단체에 대한 기부금'에 해당돼 전액을 손금산입할 수 있는데, 이때 발생하는 포인트를 기부자인 기업 내지 대표자에게 부여하는 형태로 추진했습니다. 이와 함께 기업경영인 니즈에 맞춰 '오추겐'과 '오세이보'의 선물용 답례품에 감사의 문구가 새겨진 종이장식(熨斗·노시)을 붙여 발송하는 서비스를 제공하고 있습니다.

예를 들면 2014년 한 회사의 사장은 개인 명의로 300만 엔을 기부했습니다. 그는 그때 발생한 150만 포인트를 사원 30명에게 5만 포인트씩 부여하고 복리후생 사업으로 각자가 희망하는 특산품을 구입하도록 했습니다. 또 다른 회사의 사장은 회사 기부로서 62만 엔을 했는데, 30만 8,000포인트 모두를 사용해 77개 거래처에 보내는 오추겐 선물로 활용했습니다.

2014년 말 실적을 되돌아보면 11월부터 12월의 주문은 대부분이 '오세이보' 선물용이었습니다. 특히 이 시기는 당해 연도의 소득 확정신고가 12월 말로 끝나버리기 때문에 혜택을 받기 위한 신청 건수가 2개월에 약 1만 5,000건, 금액으로는 7억 엔을 넘었습니다.

2016년 이후도 지방창생地方創生이라는 이름하에 세제 개정이 이뤄져 기업의 잉여자금이 지방 활성화에 크게 도움이 될 수 있게 바뀌었습니다. 이로 인해 히라도시뿐 아니라 재정 확보에 어려움이 많은 과소 지자체에 활기를 불어넣었습니다.

운송회사와의
제휴 ————

고향납세가 비약적으로 전국에 퍼질 수 있었던 것은 IT의 발전으로 인터넷 사회가 성숙됐기 때문일 것입니다. 하지만 그렇다 하더라도 상품의 유통이 없으면 거래가 성립되지 않습니다. 발주는 인터넷으로 하더라도 상품을 운반하는 것은 사람에 의존하지 않으면 안 된다는 것은 말할 필요도 없습니다.

배송비도 포인트에 포함돼 있기 때문에 이 비용을 어느 정도 줄일 것인가, 다른 한편으론 답례품의 대부분을 점유하는 신선식품을 얼마나 빠르고 정확하게 배송할 것인가는 중요한 과제였습니다.

히라도시는 공공거래도 있기 때문에 당연히 공정한 입찰을 통해 운송업자를 선정했습니다. 첫 계약 상대는 야마토 운송주식회사로 결정됐습니다. 일본에서 유명한 '검은고양이 야마토 택배'는 굴지의 수송회사인 만큼 그 서비스는 충분히 신뢰할 만했습니다. 답례품을 받는 기부자의 상황에 맞춘 배송 시스템을 갖추고 있어 일자와 시간 지정에 틀림이 없었고, 상품에 손상이 가지 않도록 확실한 리스크 관리로 지금까지 수많은 답례품을 잘 배송해줬습니다. 그 결과 나가사키현 북부지역을 관할하는 마쓰우라 지점의 취급 건수는 2014년 4만 8,763건, 약 4,200만 엔의 거래액으로 규슈 지역 내 최고 실적을 거뒀다고 합니다.

2015년 6월 말에 야마토 운송회사와의 계약기간이 만료돼 7월 이후 운송 계약에 대해 갱신 절차를 진행했습니다. 입찰에 응모한 곳은 기존의 야마토 운송회사와 새롭게 사가와 택배회사가 참여했고, 심사 결과 앞으로 2년간 답례품 배송을 부탁할 곳은 사가와 택배로 최종 결정됐습니다.

사가와 택배는 현재 'GOAL' 프로젝트를 진행하고 있습니다. 이것은 'GO Advanced Logistics'의 약자로, 송장 발행 시스템과 포장 자재라는 특전발송 업무의 효율화, 택배차량을 활용한 프로모션 등 물류의 코디네이터를 하는 프로젝트입니다. 그리고 고향납세 답례품을 배송하는 각 단계에서 히라도시의 홍보와 지역 활성화로 이어지는 서비스를 제안했습니다.

히라도시의 고향납세 특전발송에 관한 제휴 4개 단체(히라도세토시장, 히라도 신선시장, 히라도 물산진흥협의회, 히라도 관광협회) 전원 찬성하에 계약이 체결됐습니다. 그 이유는 기부자에 대한 답례품 배송 비용이 싸지는 것뿐 아니라 일반 배송 상품에 대해서도 동일한 서비스를 받을 수 있다는 장점이 있었기 때문입니다.

구체적으로는 특전품 배송에 관한 특별운송계약 외에 송장 발행에 관한 프린터 도입 비용과 운영 비용을 포함한 시스템 비용의 무상 제공입니다. 여기에 홍보용 깃발의 오리지널 디자인 제작, 단보루 상자 등 자재의 무상 제공도 주어졌습니다. 그리고 도쿄 23개구 이외의 관동권역에서 배송 차량 광고 실시, 각종 이벤트 시 수화물·냉장물품의 일시 맡음 서비스 혜택도 제공됐습니다. 이 밖에 히라도시가 교류하고 있는 대만 쪽의 수출 및 통신판매 실시 등 그야말로 히라도시의 전략과 정확히 일치된 제안이 사가와 택배로 결정하게 된 이유였습니다.

이뿐만 아니라 계약 체결 과정에서 사가와 택배의 아라키 히데오荒木秀夫 사장으로부터 '고향납세제도를 중심으로 한 지역 활성화 포괄 제휴에 관한 협정서' 조인식을 하고 싶다는 제안이 있어 6월 30일 사가와 택배 도쿄 본사에서 조인식이 이뤄졌습니다.

야마토 운수 배송 시스템이 히라도산 신선식품 등을 기부자의 손에 편리하고 정확하게 배송해줬다면, 사가와 택배는 생산 현장과 기부자를 연결하는 '사랑의 큐피드' 역할로서의 의식이 매우 강했습니다. 이러한 인상이 히라도시 1차 산업 종사자뿐 아니라 저와 시청의 행정 직원들에게도 강하게 전달됐습니다. 도시와 지방을 잇는 '연결고리 만들기'를 함께 달성하려는 의욕이 고향납세를 둘러싼 모든 업종에서 서로 좋은 자극을 주고, 바람직한 방향의 융화를 통해 새로운 단계로 도전해나갈 수 있기를 기대해봅니다.

Part 05

홍보와
미디어 대책

고향납세 전문사이트와의
제휴 —————

아무리 매력 있는 카탈로그를 만들어도 이것을 전국에 전파하려면 노력이나 비용 측면에서 한계가 있습니다. 요즘 같은 디지털 사회에서 인터넷에 의한 정보 발신은 필요 불가결합니다.

2013년 10월 고향납세 담당인 구로세 직원이 히라도시 고향납세의 매력을 인터넷으로 홍보하기 위해 꼭 만나고 싶은 사람이 있다고 저에게 찾아왔습니다. 그 사람은 고향납세 전문사이트 '후루사토초이스'의 스나가 다마요須永珠代 사장이었습니다. 스나가 사장이 경영하는 주식회사 트러스트뱅크는 2012년에 설립된 고향납세 포털사이트 운영회사입니다. 그녀는 2000년부터 IT 업계의 디자이너와 디렉터로서 재능을 발휘해 이미 100개 이상의 사이트를 만들었습니다. 그리고 고향납세 전문 포털사이트를 제작해 의욕 있는 지자체를 지원하고 고향납세 세미나를 개최하는 등 고향납세 관련 리더 역할을 하고 있습니다.

현재 고향납세 관련 사이트는 많이 개설돼 있습니다. NPO 지원 전국지역활성화협의회가 운영하는 '후타쿠스(전국 지자체 고향납세 응원 사이트)', 주식회사 사이넥쿠스가 운영하는 '와가마치 후루사토노우제이', 주식회사 아이모바일이 운영하는 '후루나비', 주식회사 사토후루가 운영하는 '사토후루' 등 다양합니다. 이러한 사이트 중에서도 스나가 사장이 운영하는 '후루사토초이스'는 개척자와 같은 존재로서 단연 최고 사이트라고 말할 수 있습니다. TV 등에서 소개되

고향납세 기부 신청 건수 내역

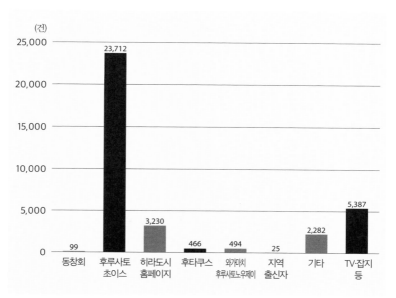

는 고향납세 포털사이트에서도 후루사토초이스가 가장 앞서 있습니다. 따라서 방송 프로그램에서 다루는 고향납세 전국 랭킹 조사도 후루사토초이스 사이트의 랭킹이 기준이 되는 경우가 많습니다. 이런 점 때문에 스나가 사장과 스크럼을 짜는 것은 상당한 의미가 있었습니다.

스나가 사장은 히라도시 카탈로그의 훌륭함과 생산자나 담당 직원의 열의를 높게 평가했으며, 파트너로서 굳건한 제휴를 약속했습니다.

후루사토초이스와 계약한 지자체는 2015년 9월 현재 659개소입니다. 동 사이트로부터의 신청 건수가 누계로 270만 건을 넘는 것을 봐도 얼마나 신뢰성이 높은지 알 수 있습니다. 어찌 됐건 정보화 사회에서 '보다 빨리, 보다 많이, 보다 깊게, 보다 정확하게'라는 원칙대로 움직인다면 모든 업계에서 선두가 될 수 있다는 것을 확실히 인식시켜줬습니다.

2015년 3월 말 히라도시 고향납세가 기부액에서 일본 전국 1위가 된 것을 계기로 스나가 사장에게 감사 인사를 하러 갔습니다. 스나가 사장은 히라도시의 열정과 답례품을 포함한 장점을 높이 평가했습니다. 그러면서 전국 지자체에 납부되는 주민세가 총 12조 엔에 달하는 것을 토대로, 앞으로 고향납세 기부액은 2조 엔 규모로 성장할 것이라고 전망했습니다.

2013년도 통계에 의하면 고향납세의 전국 총액은 약 140억 엔에 불과했습니다. 하지만 스나가 사장은 2015년부터 공제 한도액이 2배로 증가한 데다 소득 확정신고 절차 등이 간소화됨에 따라 새로운 성장산업이 될 가능성이 내포돼 있다고 강조했습니다.

또 전국의 기부자는 놀랍게도 공제 한도액의 3배 정도를 기부하고 있습니다. 실제로 이 제도를 통해 전국의 지방세 총액이 증가하고 있는 것도 통계적으로 증명됐습니다. 스나가 사장은 "지방이 고향납세에 노력한다면 지방 재원 향상에 의한 일본 전체의 지방경제 수준도 한층 끌어올릴 수 있을 것입니다"라고 강한 어조로 응원의 말을 건넸습니다.

특히 전국 1,788개 지자체 가운데 답례품을 활용해 고향납세제도를 도입한 지자체는 1,111개로 증가 추세에 있다는 것입니다. 그야말로 고향납세제도의 전국시대 개막이 도래하고 있다는 것을 확연히 느낄 수 있습니다.

사회관계망서비스(SNS)를
홍보에 적극 활용 ───────

SNS로 불리는 소셜미디어는 지금 젊은 세대뿐 아니라 많은 이용자가
생활필수품으로 활용하고 있습니다. 그중 페이스북은 히라도시 고향
납세의 홍보 도구로 중요한 역할을 하고 있습니다. 저는 통상적으로
공과 사 모두 페이스북과 트위터를 이용 중인데 정보 발신 도구로서
가장 유익한 수단이라고 확신합니다.

지자체에 따라서는 이 정보 도구를 공식적으로 다루는 곳도 있지
만, 히라도시는 공식적으로 활용하는 것은 아닙니다. 그러나 의욕 있
는 직원과 많은 시민, 관광 관련 단체 이외에도 NPO 단체나 취미 모
임 등 몇 개의 그룹 사이에서 많이 이용되고 있습니다. 따라서 지금
히라도시 관련 정보는 민관을 불문하고 SNS를 통해 다양한 단체와
서클이 공유하며 정보의 범위를 넓혀나가고 있습니다.

히라도시 고향납세와 관련해 언론사로부터 취재 요청을 받을 때
마다 SNS를 활용해 그 내용을 알림으로써 전국에 있는 사람들에게
TV 방영 등의 정보를 제공할 수 있었고, 결과적으로 예상을 웃도는
홍보 효과를 거뒀습니다. 즉 신문과 TV에서 1차적인 홍보가 이뤄지고

나면 잇따라 여러 사람이 댓글을 쓰는 등 문자 그대로 종횡무진의 정보 전달이 이뤄지기 때문에 '일과성'으로 끝나지 않게 되는 것입니다.

여담입니다만, 고향납세 담당 직원인 구로세 씨는 너무나 바빠 퇴근도 못하고 있는 자신의 처지를 이해라도 해달라는 듯이 사무실 책상에 산더미처럼 쌓인 서류를 찍어 페이스북에 올린 적이 있습니다. 업무량이 너무 많아 정신없이 바쁜 상황을 표현한 것이었습니다. 그러자 이를 본 독자들이 저에게 메일을 물밀듯이 보내는 상황이 벌어졌습니다.

"시장님은 직장 내 업무 현장을 어떻게 생각하고 있습니까?"

"담당자의 복리후생을 더 지원해주십시오."

"직원을 더 늘려서 보다 좋은 서비스를 부탁합니다."

모든 메일이 구로세 직원을 안타까워하는 내용이었습니다. 정직원 단 한 사람으로 고향납세 업무를 해결하고 있는 현실을 걱정하고 그를 어떻게든 도와주고 싶다는 마음이 모아진 예기치 못한 따뜻한 메일이었다고 생각합니다.

그러한 사정을 잘 알고 있는 저로서도 무언가 해주고 싶은 심정이었지만, 시청도 '정원 적정화' 계획에 따라 직원 수를 감소시키는 중이었습니다. 모든 부서의 직원들이 힘들게 직무를 수행하고 있었기 때문에 고향납세 담당 인원을 늘리기 위해 타 부서의 인원을 삭감할 수는 없었습니다. 고민 끝에 근본적 해결책은 되지 않았지만 고육책으로 같은 기획재정과 내에서 인원을 이동시켜 일정 정도 대응토록 시도했습니다.

그때 이미 기부액 합계가 시민세를 웃도는 수준이 돼 있었습니다. 생각하기에 따라서는 세무과와 동일한 수의 직원을 배치해도 좋을 정도였지만 시청의 조직체계상 그렇게 간단히 생각할 문제는 아니었습니다. 2015년부터는 의회 승인을 얻어 기획재정과 내에 '고향납세 추진반'을 만들어 정직원 3명, 임시 직원 1명, 파트타임 직원 5명의 체제로 강화했습니다. 대폭적인 증원은 아니었지만 현재보다 업무를 분담할 수 있게 된 것입니다.

시청 4층에 있는 추진반은 마치 통신판매회사의 콜센터와 같은 분위기입니다. 구성원 모두가 고객의 전화나 팩스 송신 등에 친절하고 신속히 대응하는 등 최선을 다하고 있습니다.

시장인 제가 SNS를 히라도시 홍보뿐 아니라 일상적으로도 사용하고 있어 히라도 시민에 한정하지 않고 많은 분들과 정보를 공유하는 것이 가능합니다. 그 가운데는 저의 투고를 읽고, "정말로 시장 본인입니까?"라고 확인하는 메시지를 보내오는 경우도 있습니다. 너무나도 허물없이 쓴 내용이어서 설마 시장 본인일 것이라고 믿어주지 않았던 것일까요?(웃음)

지역 간 경쟁 속에서
카탈로그에 충실 ————

히라도시의 고향납세가 높은 평가를 받은 이유 중 하나로 '고향납세 특전 카탈로그'를 들 수 있습니다. 카탈로그를 편집하고 디자인한 구로세 직원의 센스와 능력은 이미 이야기한 바 있지만, 2015년 6월에 리뉴얼돼 더 매력 넘치는 카탈로그로 진화했습니다.

전년도 판과의 차이점은 왼쪽부터 펼치면 고향납세 시스템 구조와 히라도시의 소개가 아름다운 사진과 함께 수록돼 있습니다. 마을 만들기 키워드로 '역사' '자연의 혜택' '기도'를 제시하고, 그에 따른 심오한 역사 이야기와 웅대한 자연경관, 사람들의 따뜻함 등을 잘 표현했습니다.

무엇보다 '밀려든 기부금을 어떻게 활용할 것인가?'라는 사업 내용에 대해 상세히 소개하고 고향납세제도의 본질적 부분을 강조했습니다. 납세자의 귀중한 세금이 어떠한 프로젝트에 사용되는지를 분명히 알리는 것은 행정기관에 대한 신뢰를 높이는 중요한 정보공개 사항이기 때문입니다. 나중에 상세히 다루겠지만, 히라도시는 '빛나는 인재 만들기 프로젝트' '지역의 보물 같은 자원을 살리는 프로젝트'

'계속 살고 싶은 마을 창출 프로젝트'라는 세 가지 핵심 프로젝트를 기본이념으로 추진 중입니다. 그리고 자녀 양육과 교육 환경의 정비, 세계유산 등록 등 문화사업에도 도움이 되도록 활용하고 있습니다. 따라서 고향납세 기부금은 시의 매력을 미래까지 지속적으로 유지하는 데 꼭 필요한 기금인 것입니다.

새로이 개설한 '히라도시 고향납세 특설 사이트'에 대한 설명도 다뤘습니다. 회원 등록을 하면 몇 개의 편리한 기능을 공유할 수 있고, 이용자 시각에서 기부자에 대한 배려 넘치는 편리함도 확실히 갖췄습니다.

한편 카탈로그를 오른쪽부터 펼치면, 히라도시에서 생산된 풍부한 농림수산물이 선명한 사진과 함께 생생하게 소개됩니다. 상품의 신선함과 고급스러움, 다른 곳에선 음미할 수 없는 맛 등이 사진을 통해 전해집니다. 생산자의 마음이 담긴 메시지에는 그들의 한결같은 노력과 자부심이 그대로 표출돼 카탈로그를 손에 넣은 기부자 모두가 선택의 고민에 빠지게 됩니다.

카탈로그에 게재된 농림수산물은 생산자와 소비자의 연결고리를 더 깊게 만들기도 합니다. 이뿐만 아니라 생산의 무대인 히라도시의 토질과 주민 의식, 과거부터 계승돼온 역사적 공간 등이 커다란 매력으로 다가옵니다. '어떤 사람이, 어떠한 노력으로 고향을 지탱해왔는가, 그리고 장래의 꿈과 희망을 어떻게 그리면서 생산활동에 땀을 흘리고 있는가'가 화려한 카탈로그 사진 밑바탕에 흐르고 있습니다. 단순한 상품 소개가 아니라 히라도시의 숨결이 느껴진다고 해도 과언이 아닙니다.

이러한 히라도시의 매력 있는 카탈로그가 너무 좋다며 몇 곳의 지자체가 벤치마킹하기도 했습니다. 그중 생산품이 다종다양하고 특산품이 많은 지자체는 답례품 수도 풍부해 두꺼운 카탈로그를 작성해 배부했습니다. 마치 대형 백화점의 증정품 카탈로그와 같았습니다. 오늘날에는 고향납세 시장 그 자체가 치열한 지역 간 경쟁과 더불어 정말로 지자체 아이디어의 비교 무대처럼 돼버렸기 때문에 이러한 점을 히라도시도 걱정하고 있습니다.

2014년판에서 상품 메뉴가 83개였던 것이 2015년판에서는 110개로 늘어났습니다. 전년도 실적을 보면서 공급 체제에 무리가 있거나 주문이 생각처럼 늘지 않은 것은 '회원특전'으로 돌리거나 줄이든지 했습니다. 한편으로는 새로운 상품을 추가해 내용을 더 충실히 만들었습니다.

히라도시 답례품 카탈로그의 발전은 편의점과 비슷한 진화의 길을 걷는 것에 비유되고 있습니다. 즉 '한정된 공간에서 어떻게 생산성을 높일까' 하는 것입니다. 떼어낼 수 없는 특산품과 새로운 상품을 매력적으로 배열하는 방안은 판매장 면적이 넓은 백화점과는 다른 접근이 요구되기 때문입니다. 답례품 페이지만 세어보면 전년도판 카탈로그는 14쪽이고 신년도판은 16쪽으로 불과 2쪽밖에 차이가 나지 않습니다. 그런데도 상품 수는 27개나 증가했습니다. 전체적으로 문자와 사진이 적은 것도 아니고 그 가치나 매력은 제대로 전달했습니다. 이처럼 히라도시의 매력이 가득 담긴 답례품 카탈로그는 부피를 늘리지 않으면서도 호소력을 약화시키지 않은 것이 특징입니다. 따라서 집에 한 권씩 두면서 히라도시의 지역 자원을 수시로 볼 수 있는 텍스트라고도 할 수 있습니다.

기부자에게 보다 가까이, 편리하게 그리고 부담 없이 친근함을 갖고 오래도록 교류하고 싶다는 히라도시의 카탈로그 편집 이념은 그야말로 시내에서 오아시스와 같은 편의점의 존재 가치와도 닮았다고 생각합니다.

히라도 고향납세의
TV 노출 효과

고향납세제도가 2008년 시작된 후 5년 정도 지나 구로세 직원으로 담당이 바뀌어 최초의 카탈로그가 리뉴얼됐던 2013년 가을 무렵입니다. 나가사키의 TV 방송국에서 관내 현 지역의 고향납세제도에 관한 보도를 겨우 하기 시작했습니다. 그러나 히라도시가 특별히 두드러졌던 것은 없었습니다.

그러던 중 2014년 2월 도쿄의 일본TV 본사로부터 취재하고 싶다는 연락이 왔습니다. 프로그램명은 '그 뉴스로 이득 본 사람, 손해 본 사람'이라는 인기 프로였습니다. 고향납세 담당자인 구로세 직원에게 이것은 전국 TV 방송의 첫 데뷔전이 됐습니다.

그의 개성 있는 외모와 독특한 머리 스타일은 좋게 이야기하면 '메메시쿠테(女々しくて)'라는 노래로 대히트를 쳤던 골든봄버 GOLDEN BOMBER 밴드의 보컬 기류인 쇼鬼龍院翔 씨를 닮았습니다. 또 보기에 따라서는 화려한 만화 작품인 '게게게의 기타로(ゲゲゲの鬼太郎)'의 주인공을 닮아 기존의 딱딱한 공무원 이미지와는 거리가 멀었습니다. 이러한 분위기가 TV의 비주얼과 맞아떨어져 연출가의 눈에 띄었는지도 모릅니다.

화려하고 가벼운 느낌의 젊은이가 히라도시의 고향납세 이념에 대해 말할 때 외관상으로는 상상하기 어려울 만큼 넘치는 향토애를 보여줬고, 침착하고 세련된 말투는 듣는 사람의 귀를 쫑긋하게 했습니다. TV의 반향은 깜짝 놀랄 정도였습니다. 한마디로 대박이 났습니다. 방송 당일 밤부터 다음 날에 걸쳐 시청으로 전화가 쇄도했습니다. 구로세 직원도 이러한 반응을 예상하고 방송 당일 밤은 시청에 남아 기대 이상으로 걸려온 많은 전화에 일일이 대응하느라 너무 바빴습니다.

보고서에는 신청자와 주고받은 감동적인 내용도 기록돼 있었습니다. 히라도시의 고향납세가 전국판 TV에 등장한 것은 이번이 처음으로 문자 그대로 대약진의 시작이었습니다. 그리고 구로세 직원의 바쁜 하루하루가 여기서부터 시작됐습니다.

'그 뉴스로 이득을 본 사람, 손해를 본 사람'의 방송으로 단번에 기부 신청이 급증해 연도 말 1,467건까지 늘어났고, 기부 총액은 3,910만 엔에 달했습니다. 이를 전년도와 비교하면 건수로는 40배, 금액상으로는 약 36배라는 경이적인 실적이었습니다.

당연히 프로그램의 재미도 있었지만, 패셔너블한 외모와는 달리 자신만의 언어로 친절하게 히라도를 소개하는 구로세 직원의 열정이 많은 시청자의 눈길을 사로잡은 것입니다. 그는 고향납세제도의 본래 이념을 명확하게 이야기함은 물론 태어나고 자란 히라도시에 대한 넘치는 애정, 기부자들에 대한 겸손한 말투 등 대변인으로서 최상의 행동을 보여줬습니다.

그 후에도 구로세 직원은 카탈로그의 리뉴얼과 신용카드 결제시스템 도입 등 새로운 사업을 추가했습니다. 그리고 시청의 간부와 재무담당 직원, 많은 생산자의 기대를 안고 여러 TV 프로그램에 출연했습니다.

다음으로 이어진 더 큰 무대는 TBS계 '나카이 마사히로의 금요일의 스마일들에게'라는 프로그램에서 데위 수카르노 부인이 이끄는 취재반의 출연 요청이었습니다.

상대방을 배려하지 않고 거침없이 발언하는 것으로 알려진 데위 부인이 "아주 즐거웠어요"라며 감동의 말을 건넨 것은 저희에게도 매우 기쁜 일이었습니다. 데위 부인의 구로세 직원에 대한 첫인상은 평소 극단적인 표현을 하는 그녀답게, "그 사람, 좀 경박스럽지 않아?"라는 것이었지만, 방송 때 그의 뛰어난 설명 능력을 인정받았습니다. 무엇보다 그가 시식을 진행하는 몸동작이나 배려심 등 기본 소양을 잘 갖추고 있어서 징그러운 부채새우를 맛봤던 데위 부인도 "일본에서 맛있기로 소문난 이세伊勢새우보다 맛있어요!"라며 극찬을 했습니다. 이 순간부터 참굴과 보라주머니가리비·부채새우로 구성된 세트 상품인 '히라도세토 이야기'가 인기 넘버원이 된 것은 굳이 말할 필요도 없습니다.

8월 초순경 방송이 나간 후부터 11월까지 기본적으로 매월 1억 엔의 기부금이 모이는 정말로 굉장한 사건이 벌어졌습니다. 그 시점에서 합계 10억 엔을 돌파하자 지역 내 뉴스는 말할 것도 없고, NHK '뉴스워치9', 요미우리TV계 '정보 생방송 미야네야!(ミヤネ屋)'와 '웨이크 업(wake up)! 플러스', TBS계 '아사찬!(あさチャン)' '히루오비!(ひるおび)', 후지TV계 '도쿠다네!(トクダネ)' 등 다양한 정보 프로

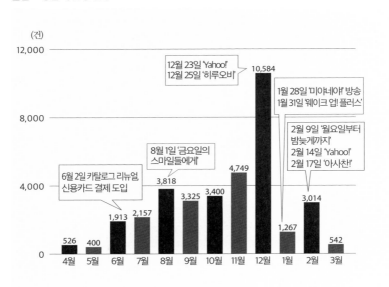

월별 고향납세 신청 건수

(건)

12,000

12월 23일 'Yahoo!'
12월 25일 '히루오비'

10,584

1월 28일 '미야네야' 방송
1월 31일 '웨이크 업! 플러스'

8,000

2월 9일 '월요일부터
밤늦게까지'
2월 14일 'Yahoo!'
2월 17일 '아사찬!'

8월 1일 '금요일의
스마일들에게'

3,818

6월 2일 카탈로그 리뉴얼
신용카드 결제 도입

4,749

4,000

3,325 3,400

3,014

1,913 2,157

1,267

526 400

542

0

4월 5월 6월 7월 8월 9월 10월 11월 12월 1월 2월 3월

그램에 소개됐습니다. 그리고 젊은 사람에게 인기 있는 일본TV계 '월요일부터 밤늦게까지(月曜から夜ふかし)'와 후지TV계 '바이킹구(バイキング)' 등의 버라이어티 프로그램에도 등장했습니다. 이러한 전국 방송의 영향으로 12월 한 달간 5억 엔의 기부와 신청건수 1만 건이 넘는 그야말로 상상을 초월한 실적을 거뒀습니다.

당연히 담당자뿐 아니라 시장인 저에게도 취재의 마이크가 들어왔습니다. 저의 경우는 어느 쪽인가 하면 기타를 안고 노래를 부르는 모습이 촬영되거나 했는데, 대부분 편집에서 잘려버렸습니다.(웃음)

어쨌든 구로세 직원의 취재 대응과 인터뷰 답변의 능숙함이 미디어 관계자들에게 높게 평가받은 것을 기록으로 남겨두고 싶었습니다.

널리 확산되는
'히라도'라는 이름 ──────

구로세 직원과 저는 히라도시를 고향으로 하는 현인회와 도시권에서 개최되는 히라도시 소재 고등학교 동창회에 몇 번이고 찾아가 고향납세제도에 대해 설명하고 기부를 부탁했습니다.

또 제 자신이 졸업하긴 했지만, 히라도시 출신자가 그다지 없는 시외의 고교 동창회에도 넉살 좋게 나가서 기부를 요청했습니다. 이 밖에 히라도시의 유치기업과 거래기업 등의 모임에도 팸플릿을 배부하며 기부를 호소하기도 했습니다. 시청 내에서 고향납세 담당자의 몫이 시스템 구축과 접수체제 정비를 통해 고객 응대를 철저히 하는 것이라면, 영업은 시장의 역할이라고 생각하고 여러 기회를 만들어 적극적으로 홍보활동을 추진했습니다.

지난해 기부를 한 3만 7,000명이 넘는 분들 중 신청 메일에 메시

지를 남긴 약 1,000명을 추출해 그 내용을 훑어보았습니다. 그중 약
절반은 히라도시를 1회 이상 방문한 적이 있는 분들로 특별히 마음속
에 추억을 갖고 '히라도를 응원하고 싶다'며 기부를 해줬습니다. 나
머지 분들은 히라도시와는 이렇다 할 관계는 없었지만, 기부 동기로
'TV를 보니 답례품이 좋은 것 같았다' '담당자의 고민과 열의가 전해
졌다' '역사와 문화를 소중하게 여기는 것에 동감할 수 있었다'라는
목소리가 많았습니다. 특히 일본을 대표하는 영화배우 다카쿠라 겐高
倉健 씨의 유작이 된 '당신에게'의 촬영 장소로 알려지면서 다카쿠라
씨의 팬들로부터 많은 기부가 밀려든 것은 생각지도 않았던 기쁨과
감동 그 자체였습니다.

또 나가사키현에서는 제69회 전국국민체육대회 '나가사키 힘내
라 국체国体'가 2014년 10월 개최됐습니다. 히라도시에서는 스모와 연
식야구 경기가 열렸습니다. 실제로 많은 선수와 감독·응원단 등 경기
관계자가 히라도를 방문해 숙박뿐 아니라 지역 특산품을 구입해준
덕에 지역경제에 큰 도움이 됐습니다.

우리는 이러한 찬스를 놓칠 리가 없습니다. 스모와 연식야구 경기
관계자와의 회합이 열릴 적에 배포 자료로 '고향납세 특전 카탈로그'
를 동봉해 적극적으로 알렸습니다.

그러던 중 한 응원단에게서 연락이 왔습니다. 아마추어 스모의 총
본산인 일본스모연맹의 임원을 맡은 세무사가 "시장님, 제가 담당하

고 있는 기업의 사장들에게 '절세하고 싶으면 히라도시에 기부하지 않겠습니까?'라고 권유하고 있습니다. 기부한 분으로부터 히라도의 평판이 좋다는 감사의 인사도 들었습니다"라고 친절히 알려줬습니다. 정말로 생각지도 않았던 곳에서 커다란 반향이 나타나고 있었던 것입니다.

또 '반향'으로 말하자면, 2014년도에 히라도시가 연수차 받아들인 다른 행정기관과 의회의 시찰이 14건 있었습니다. 이것은 자칫하면 경쟁 상대를 키우는 듯한 느낌으로 받아들일 수 있지만, 다른 한편으로는 히라도시의 이름이 널리 알려지고 있다는 증거였습니다. 따라서 쫓기는 몸으로서 위기감도 있지만 지금 시작된 지역 간 경쟁도 받아들이면서 히라도시를 널리 홍보한다는 각오로 추진 중입니다. 무엇보다 지명도를 높이는 것이 고향납세의 가장 좋은 순풍으로 작용할 것이라는 것은 틀림없는 사실이었습니다. 이 때문에 홍보 전략, 특히 미디어가 가진 영향력을 제대로 인식하는 것은 말할 필요도 없습니다.

Part 06

지방창생을 위한
고향납세제도의 활용

고향납세 기부금의
한정된 사용처 ───────

개선된 고향납세제도는 공제한도액이 2배로 늘고 직장인에게 번거로웠던 확정신고 절차를 행정기관이 대행해주는 형태로 간소화돼 혜택이 더 확대됐습니다.

이는 히라도시에도 좋은 소식이어서 재정 확대를 더 추진하고 싶은 생각이 들었습니다. 시민 가운데에는 "어차피 일과성에 지나지 않을 거야"라고 여전히 냉랭하게 보는 분도 있지만 저는 결코 그렇게 생각하지 않습니다. 이 제도의 혜택 확대를 통해 고향납세가 지역의 활성화는 물론이고 더 나아가 지방창생地方創生의 핵심 사업으로 이어져야 한다고 생각하기 때문입니다.

이를 위해 중요한 것은 전국에서 들어온 기부금을 어디에 사용했는지에 대한 정보공개 및 자세한 설명이 책임 있는 자세라고 생각합니다.

▌ 빛나는 인재 만들기 프로젝트

- 지역 만들기 인재육성 사업

- 산업을 맡아 이끌어갈 인재 만들기

- 사회교육의 충실 등

▌ 지역의 보물 같은 자원을 살리는 프로젝트

- 문화유산의 보존·계승·활용

- 세계유산 등록 추진

- 지역산 상품의 브랜드화 등

▌ 계속 살고 싶은 마을 창출 프로젝트

- 기업 입지 지원

- 지역 전체 차원에서의 육아 지원

- 소방·긴급구조 체제의 충실·강화 등

히라도시는 고향납세로 들어온 기부금을 '야란바! 히라도 지원기금'에 적립하고 있습니다. '야란바'는 나가사키 사투리로 '해내자'라는 구호이고, 지역 진흥의 강한 의욕을 불러일으키는 단어입니다. 그리고 미리 기금 활용 방법에 대해서도 아래처럼 정해놓았습니다.

이것만 보면 기부금은 어디에도 사용할 수 있을 것 같지만 실제로는 명확히 한정돼 있습니다. 사용처는 기부자가 3개의 핵심 프로젝트를 직접 선택하도록 돼 있는데, 이외에 4번째로 '시장에게 일임한다'는 항목도 있습니다. 그런데 기부자 중 절반 이상이 '시장에게 일임한다'는 항목에 표시하는 경우가 많습니다. 이때 '시장에게 일임'을 시장이 맘대로 사용할 수 있는 것으로 오해하는 분들이 많은데, 그렇지 않습니다. 3개의 핵심 프로젝트의 선택 자체를 시장에게 일임한다는 것이기 때문에 결국 이 3개 항목에만 사용할 수밖에 없는 것입니다.

2015년도 예산에서는 기금 총액 약 14억 6,300만 엔 중 7억 9,000만 엔을 활용해 '빛나는 인재 만들기 프로젝트'에 1억 엔, '지역의 보물 같은 자원을 살리는 프로젝트'에 약 4억 8,000만 엔, '계속 살고 싶은 마을 창출 프로젝트'에 약 2억 9,400만 엔을 배정하고, 여기에 국가보조금과 일반 재원을 더해 총 9억 2,000만 엔의 사업 예산을 의회 승인을 얻어 확보했습니다.

빛나는 인재 만들기 프로젝트

히라도시에는 교육에 열정적인 보호자가 많음에도 불구하고 도서관 등의 시설 정비 면에서 많이 뒤처져 있었습니다. 2015년 8월 1일에서야 간신히 도서관과 공민관(지역주민을 위해 사회교육을 실시하는 거점 시설-옮긴이) 등을 함께 갖춘 복합형 거점인 '히라도시 미래창조관(애칭 COLAS 히라도)'이 오픈했습니다. 그동안 많은 부모와 아이들, 그리고 독서가

취미인 분들은 인근의 마쓰우라시나 사자정佐々町에 있는 좋은 시설의 도서관을 찾아 차로 30분 이상 소요하며 다니는 불편을 감수해야만 했습니다.

한편 학교 현장에서는 독서활동을 활발히 진행해 문부과학대신 표창을 받은 소학교(초등학교)가 몇 군데나 있을 정도로 독서열이 매우 높았습니다. 어린 시절부터 독서 습관을 몸에 익히고, 그림책 읽어주기 등을 통해 부모와 자식 간 관계를 돈독히 하는 것은 자녀 양육에 있어 가장 필요한 것이라고 많은 전문가들도 지적합니다.

그래서 새로운 도서관에 도서구입비로 2,000만 엔을 책정함과 동시에 시민 독서활동 추진으로 '그림책을 비롯한 북 스타트 사업'을 시작하기로 했습니다. 이 사업은 복지행정에서 실시하는 0세 아동 검진 등을 통해 '그림책'과 '갓난아이와 그림책을 즐기는 체험'을 선물하는 내용입니다. 단순히 육아지원 차원에서 그림책을 나눠주는 것이 아니라, 유아와 보호자에게 책 읽는 즐거움을 체험할 수 있게 해주고 가정 내에서도 독서와 그림을 그리는 습관을 갖도록 하는 것이 목적입니다. 배부된 '북 스타트 팩'에는 갓난아이용 그림책과 그림 그리기에 편리한 일러스트 어드바이스집도 들어 있습니다. 이 사업을 통해 부모와 자식이 하나 돼 사랑으로 감싸는 좋은 신뢰관계를 많이 쌓아갔으면 하는 바람입니다.

'공민관 토요학습사업'도 새롭게 시작했습니다. 이것은 방과 후에 아동클럽이 운영되지 않은 지역에서 공민관을 활용해 휴일인 토요일에도 자녀가 안전하고 즐겁게 지낼 수 있는 장소를 만들어주는 사업입니다. 지도를 맡는 토요학습 코디네이터는 지역에서 활약 중인 지식이 풍부한 고령자나 학습 경험자에게 부탁하고 있습니다. 학습 내용은 장기·바둑·다도茶道 같은 문화활동을 포함해 목공·미술·공작工作·요리 기능 습득, 영어회화, 독서와 컴퓨터, 숙제 학습 등입니다. 지금까지의 부모와 자식 간 직선적 관계에서 벗어나 지역 고령자나 기능보유자와 함께함으로써 '횡단 및 대각선'의 다양한 관계 형성이 가능해져 흔들리지 않는 인간관계를 구축할 수 있을 것으로 기대됩니다.

학교 현장에는 정보통신기술(ICT) 교육을 적극 보급하기로 했습니다. 최근 사가현 다케오시武雄市 등에서 볼 수 있는 것처럼 ICT 기자재를 교육 현장에 도입함으로써 학생들의 이해가 깊어지고 학습 의욕이 높아지는 사례도 나오고 있습니다. 히라도시는 우선 시내 17개 소학교와 9개 중학교 교직원의 스킬 향상과 기본적인 환경정비부터 시작했습니다.

예를 들면 '대형 디지털TV'는 서화카메라, 태블릿, 휴대용 컴퓨터, DVD 등 다양한 시청각 교재와 연결해 폭넓은 네트워크를 구축함으로써 많은 학생들의 시각적 흥미를 유발해 학습효과를 높이는 정보매체로 유용하게 활용 가능합니다.

또 교사의 ICT 활용 스킬을 향상시키기 위해 '교사용 태블릿'을 배포했습니다. 교사가 학생들이 이해하기 쉽게 설명하려면 미리 충분히 활용해봐야 매력 있는 학습이 가능하다고 생각했기 때문입니다.

'전자흑판 기능 부착 프로젝터'는 교재를 보다 크게 확대해 제시할 수 있어 이해도를 높일 수 있습니다. 또 학생이 직접 조작하고 설명할 기회를 만듦으로써 사물을 표현하는 기술 등도 몸에 익힐 수 있을 것으로 기대합니다. 학생용 태블릿은 이러한 ICT 기자재에 익숙해져 교사와 학생의 상호 통신 등이 가능한 단계가 됐을 때 개별적으로 배포하는 것을 검토하고 있습니다. 그것이 보다 좋은 효과를 거둘 것으로 판단됩니다.

한편 지역 리더를 양성할 목적으로 각 지구의 공민관 활동을 지원하는 것은 행정기관에 부여된 당연한 사명입니다. 예전부터 각 지구에서 공민관 게시판을 정비하자는 요청이 많았는데, 이번에 '자치회 게시판 설치사업'에도 고향납세 기부금을 활용하려고 합니다. 게시판 정비를 통해 행정시책과 마을 만들기에 대한 관심을 높임과 동시에 주민들의 적극적인 참여를 유도해 커뮤니티 활동을 활성화하고, 더 나아가서는 히라도 시내 곳곳에 고향납세 기부자의 생각이 전해질 수 있도록 하고 싶습니다. 무엇보다 고향납세제도를 가장 잘 이해하고 있는 지역주민들의 열정적인 참여와 호소를 통해 다음 연도의 기부를 부탁하는 마음이 전국으로 퍼져나가기를 기대합니다.

지역의 보물 같은 자원을 살리는 프로젝트

이 프로젝트에는 약 4억 8,000만 엔이라는 많은 예산이 투입됐습니다. 예산의 대부분은 다음 연도에 고향납세로 기부할 분들의 답례품에 사용됩니다. 우리의 계산상으로는 다음 연도에도 10억 엔 정도의 기부가 예상되는데, 기부자의 니즈에 잘 맞춰 차질 없이 제공해나갈 생각입니다. 답례품의 추진 효과는 생산자와 관계자의 이익으로 이어져 지역산업 육성과 지역 활성화에 공헌할 수 있을 것으로 확신합니다.

이 밖에 '관광 홍보수단 작성사업'을 예산에 반영했습니다. 히라도시는 농림수산업과 어깨를 견주는 관광업이라는 또 하나의 기간산업이 있습니다. 옛날부터 대륙과의 활발한 교류로 인해 역사적 흔적과 사적史跡을 많이 지니고 있기에 히라도시의 관광 전략은 이 프로젝트의 대표적인 것입니다. 그동안 많은 팸플릿을 만들었고 '히라도번藩의 사계 시리즈' 등을 연간에 걸쳐 프로모션했으며, 역사적 사건을 매개로 해외와의 교류도 활발히 추진해왔습니다.

이러한 연장선상에서 관광 홍보를 보다 폭넓고 효과적으로 전달하기 위해 '선조로부터 계승한 보물 같은 자원을 다듬는다'는 의미의 신규 사업을 실시하기로 했습니다. 이를 위해 『루루부(るるぶ)』라는

인기 있는 관광잡지에 히라도판 특별 편집을 기획하고, JTB규슈 여행사와 제휴한 관광 프로모션을 적극 추진했습니다.

그리고 2016년에는 드디어 '나가사키현 교회군과 그리스도교 관련 유산'의 세계유산 등록이 실현될 것으로 전망됐습니다. 세계유산 등록 전까지 준비해야 했던 것은 최후의 고비가 될 2015년 9월의 이코모스(ICOMOS) 현지조사였습니다.

많은 국민이 세계유산에 관심을 갖고 있어 이미 잘 알고 있겠지만, ICOMOS는 '국제 기념물 유적협의회(International Council on Monuments and Sites)'의 머리글자를 딴 약칭으로, 1964년에 설립된 국제적인 비정부조직입니다. 가맹국의 문화유산 보존 분야 최일선의 전문가와 전문단체로 구성돼 있습니다. 세계유산으로 등록되려면 이코모스의 조사를 받아 등록할 만한 가치가 있다는 권고를 받지 않으면 안 됩니다. 따라서 이 현지조사를 받는 지자체는 만반의 태세로 '최후의 심판'을 바라는 긴장감 속에서 대응해야 합니다.

이코모스가 정밀조사하는 것은 유산 자체의 가치와 보존 상황뿐 아니라 주변 경관과 지역주민의 의식 등입니다. 그렇기 때문에 지역 차원에서 세계유산 등록을 절실히 바라고 있다는 시민운동도 병행하지 않으면 안 됩니다.

추진 예산 속에는 그러한 계몽사업으로 '세계유산 걷기' 이벤트와 스탬프 랠리, 각종 심포지엄 등의 개최를 비롯해 관련 포스터와 팸플릿 작성 경비도 반영돼 있습니다.

이 같은 관광자원과 역사자산 및 지역산업 진흥을 위한 인재나 노하우가 '지역의 보물'이고, 이러한 자원을 살리는 프로젝트에 고향납세 기부금이 더욱 의미 있게 활용되고 있다고 생각합니다.

계속 살고 싶은 마을 창출 프로젝트

인구 감소로 고민하는 히라도시는 그 감소율이 나가사키현 21개 지자체 가운데서도 가장 높아 인구유출을 어떻게 멈출 것인가가 앞으로의 과제입니다. 2014년 9월에 시의회 의장과 협의해 정례의회 이외의 의견교환 기회를 별도로 만들어 인구 감소 억제책을 논의하는 모임을 가졌습니다. 이 모임에서 결정한 것은 9월 정례의회 최종일에 '인구 감소 억제대책 실시선언'을 하는 것과 시청 내에 대책본부를 설치하는 것이었습니다.

특히 대책본부의 협의를 거쳐 신년도에 인구 감소 억제 조례를 제정해, 단순히 행정적 과제에 머물지 않고 시민과 사업자 등 모든 사람이 공유하는 과제로 시작했습니다.

조례명 '계속 살고 싶은 마을 창출 프로젝트'에서 '계속 살고 싶다'라는 것은 히라도시에서 태어나 계속 살고 있는 사람, 도시로 나가 살다가 돌아온 사람, 이주해온 사람, 시집온 사람 등 다양한 사람이 살고 싶어 하는 마을 만들기를 추진하는 것이야말로 인구 감소 억제 방법 중 하나라는 의미에서 이름 지어졌습니다. 이 프로젝트의 4가지 핵심 사항으로 '고용창출' '산업진흥' '육아지원' '정주촉진'을 정했고, 여기에 2억 9,400만 엔의 예산을 반영했습니다.

고용창출

지역사회에서도 개인 생활양식의 변화와 가치관의 다양화로 주민 니즈가 더욱 확대되는 추세입니다. 이들 하나하나에 행정기관이 대응하는 것은 허용 범위를 넘어서고 있습니다. 또 주민들도 납세의 대가로 서비스를 받는 것이 아니고 주민 스스로의 다양한 활동을 통해 더 나은 서비스를 창출하려는 사례가 늘고 있습니다.

시민그룹이 스스로의 아이디어를 발휘해 전문적인 서비스를 제공하는 비즈니스로 만들어나갈 경우 시민 상호 간 교류는 더 활발해지고 생애학습의 보람으로 이어져가는 것을 기대할 수 있습니다.

'커뮤니티 비즈니스 지원사업'은 이러한 시민활동단체 등에 마케팅 조사와 선진지 시찰, 연수회 등의 참가비를 보조하는데, 세부적으로는 사무소 임대료와 설비 리스료, 소모품 구입비용 등도 부담합니다. 앞으로 서비스 사업을 알리기 위한 광고와 홈페이지 제작 경비도 지원해나갈 생각입니다.

특히 '6차산업화 지원대책사업'은 농림수산업에서 기존에 생산

단계까지만 지원하던 것을 가공과 판매, 정보발신은 물론 6차산업화 추진에 따른 컨설턴트 파견 경비, 상담회 참가 경비 등으로까지 확대 지원합니다. 또 가공 등에 필요한 시설과 기계·설비에 대한 보조도 하고 있습니다.

이 밖에 지역 특성을 살린 관광업과 농림수산업에 한정하지 않고, 새로운 발상과 젊은이의 의욕을 신규 사업으로 연결시키기 위해 재무·경영·인재육성·판로개척 등 4개 분야에서 세미나를 개최했습니다. 그리고 시청에 중소기업 진단사 등을 배치해 월 4회 정도 상담회를 실시하는 등 인재육성을 추진 중입니다. 이뿐만 아니라 창업에 필요한 설비와 기계 등의 투자를 보조하는 '상품제작·정보통신 관련 창업지원사업 보조금제도'와 창업 시 필요한 자금융자 보증료 전액을 보조해 사업자 부담을 경감해주는 '중소기업 창업지원자금 보증료 보급금제도'를 실시 중입니다.

산업진흥

히라도 시내에는 대기업으로 불리는 사업자가 존재하지 않습니다. 지역에 뿌리를 둔 중소기업자, 소규모 사업자로 지역경제가 유지되고 있습니다. 따라서 경기 회복을 구체적으로 추진하기 위해서는 기존의 중소·소규모 사업자의 사업 활성화가 절대적으로 필요합니다.

이런 이유로 이번 '계속 살고 싶은 마을 창출 조례' 제정에는 히라도 상공회의소, 히라도 상공회 이외에 지역금융기관인 신와親和은행과 주하치+八은행의 히라도 지점장에게도 협조를 이끌어내 체계적으로 대책을 마련했습니다. 나가사키현 신용보증협회의 다나카 게이노시케田中圭之助 이사장도 히라도 시청을 방문해 히라도시의 중소기업 진흥책에 깊은 관심을 보였습니다. 이 같은 강력한 뒷받침을 기반으로 경영안정에 필요한 자금융자 보증료를 2015년도부터 2017년도 신규 융자분에 한해 전액 보전해주기로 함에 따라 사업자 경비 부담을 경감하고 경영 의욕을 높이는 '중소기업진흥자금 보증료 보급금제도'를 실시하게 됐습니다.

새로운 사업 추진 시 필요한 점포를 확보하기 위해서는 많은 비용이 요구됩니다. 빈 점포의 방치 상황을 해소하는 것에 맞춰 '빈 점포 등 활용촉진사업 보조금'을 지난해의 약 2배로 증액해 개장사업비 보조와 임대료 보조 등 더블지원 방식으로 1,300만 엔 정도를 예산에 반영했습니다. 이로 인해 빈 점포 5채의 리뉴얼이 가능하게 됐습니다.

또 기간산업의 한 축을 담당하는 농업진흥의 경우 '히라도식 돈을 버는 농업실현 지원사업'을 새롭게 창설해 신규 농업담당자 확보에 예산을 집중 투입해나갔습니다. 지금까지 히라도시는 시설원예와 노지채소·번식우를 중심으로 산지대책을 추진하면서 농업진흥을 도모해왔습니다. 그러나 농업인 고령화 등으로 농가 호수 감소가 진전되는 한편, 새롭게 농업에 뛰어드는 신규 취농자와 후계자의 육성은 좀처럼 진전을 보이지 않았습니다.

그 배경에는 생산 자재비와 원예용 시설 및 축사 설비비 등의 급등이 계속돼 자금력이 적은 신규 취농 희망자가 적극적으로 발을 내딛기 어려운 상황에 놓여 있기 때문입니다. 또 안정된 농업경영을 위해서는 기본적인 농업기술 습득은 물론 생산체제를 안정시키기 위한 전문적 연수 기회 확보 등 일정의 학습기간이 필요합니다. 따라서 이 기간 동안 기본적인 생활을 보장하기 위해 안정된 수입 확보가 전제돼야만 합니다.

국가 정책으로 '청년취농 급부금제도'가 있지만, 이것은 5년 후에 연간 소득 250만 엔을 실현하는 취농 계획을 인정받는 것이 전제조건입니다. 부모 슬하의 취농자는 원칙적으로 대상에서 제외됩니다.

하지만 부모 슬하에서 자식이 곧바로 영농후계자가 되는 것이 설비 투자와 스킬업 등의 측면에서 효과가 높게 나타날 수 있어, 무엇보다 현실적인 대책이라고 할 수 있습니다. 따라서 히라도시는 독자적으로 실시하는 취농지원제도를 만들었습니다. 그 결과 연수 및 취농 시의 소득이 확보되고 여러 부담이 경감됐습니다. 이 지원제도는 신규 취농자에게도 적용됩니다. 이러한 지원을 통해 경영규모도 기존 경작면적의 2~3배로 확대돼 다른 산업 수준만큼의 소득을 얻을 수 있는 규모로 성장할 수 있을 것으로 기대됩니다.

예를 들면 아스파라거스 경영은 평균 10a에서 30a로, 딸기 경영은 평균 7a에서 20a로, 번식용 소도 10두에서 50두 규모로 확대를 꾀하도록 시설 정비와 판로 대책에 최대 80%를 보조하는 등 적극적으로 지원 중입니다. 이를 통해 경영 자립과 생산량 확보를 실현하고자 합니다.

충실한 육아지원

자녀를 양육하기 쉬운 환경이야말로 인구 감소를 멈추게 하는 최고의 특효약이라고 생각합니다. 젊은 어머니들은 지역 서비스에 대한 상황을 자세히 알고 있으며, 동 세대 간의 자녀 양육에 대한 정보수집 능력이 눈이 휘둥그레질 정도입니다.

젊은 어머니를 비롯해 시내의 여성단체와 의견교환을 하는 자리인 '시장과의 런치타임'을 월 1회 기준으로 지금까지 51개 단체와 실시했습니다. 이 모임에서 시청의 간부 직원과 시의회 의원조차 눈길이 미치지 못했던 공공시설 서비스의 미비점 등에 대한 지적을 받기도 했습니다. 이에 따라 공공시설에 기저귀 교환 공간과 수유 공간 등의 확보가 이뤄졌습니다. 이처럼 당연히 필요한 설비인데도 전혀 정비돼 있지 않다는 지적을 받고 급히 설치한 적도 있습니다. 육아 지원이야말로 마을 만들기의 기본이어서 육아시설 유무에 따라 사는 장소를 선택받는다고 해도 과언이 아니라고 생각합니다.

그런데 히라도 시내에는 산부인과가 존재하지 않습니다. 이 때문에 출산까지 14회에 이르는 주산기周産期 검진과 실제 출산을 위해 시외 다른 지역 병원에 다니거나 입원하지 않으면 안 되는 상황입니다. 그렇다고 해서 전국적으로 감소 추세에 있는 산부인과 의사를 어디에선가 데려온다는 것은 더욱 어려운 일이었습니다.

그래서 5년 정도 전부터 외딴섬 지역에 거주하는 임산부의 출산 시 숙박비와 교통비, 정기검진 시 교통비, 긴급 이송 시 비용 등의 지원을 실시 중입니다. 외딴섬을 제외한 시내에 거주하는 임신부에게는 14회의 주산기 검진에 드는 교통비의 일부를 지원합니다. 이것은 2012년에 실시한 시내 중학생의 '어린이의회'에서 나온 질문과 지적을 반영해 실시됐습니다. 고향납세로 들어온 기부금 가운데서 이 '안심출산 지원사업'에 277만 엔을 활용하고 있습니다.

의료비 지원의 경우 지금까지 육아지원 차원에서 소학교 입학 전까지 의료비를 시가 지출해 보호자의 경제적 부담을 덜어줬습니다. 내년부터는 인근 지자체와 보조를 맞춰 중학생까지 의료비를 전액 부담키로 하고 1,300만 엔을 배정해뒀습니다.

이 밖에도 신규사업으로 영유아 건강검사와 모유 육아대책 상담 사업 등 임산부 및 영유아에 대한 지원에 266만 엔을 책정했습니다.

2014년부터 '히라도 식육食育대사'를 맡고 있으며 '요리의 철인'으로 유명한 핫토리 유키오服部幸應 선생은 자신의 저서에서 다음과 같이 해설하고 있습니다.

여성은 갓난아이를 출산하기만 하면 엄마가 되는 것이 아닙니다. 갓난아이도 이 세상에 태어난 순간부터 엄마를 엄마로 인정하고 애정과 신뢰를 품게 되는 것이 아닙니다. 여성이 엄마가 되고 갓난아이가 엄마에게 절대적인 신뢰를 품을 수 있게 되려면 어떤 스위치가 온(ON)으로 켜질 필요가 있는 것입니다.

그것은 생후 약 1시간 이내의 첫 수유입니다. 출산한 시점에서 엄마의 몸은 자연스럽게 모유를 생성할 준비를 이미 완료한 상태에 있습니다. 모유가 나오도록 스위치를 온(ON)으로 하는 것은 갓난아이가 젖가슴을 빨았을 때입니다. 또 수유 시에 갓난아이의 피부가 엄마 몸에 밀착해 작은 손이 가슴을 만짐으로써 산후의 출혈을 멈추는 호르몬 '옥시토신(oxytocin)'이 분비돼 엄마 몸의 산후 회복이 촉진돼갑니다. 갓난아이가 엄마의 회복 스위치를 켜주는 것입니다.

갓난아이도 엄마의 젖가슴을 빨고 엄마의 신체와 밀착됨으로써 체온조절 기능 등 살아가기 위한 여러 기능의 스위치가 온(ON)으로 켜집니다. 무엇보다 갓난아이의 뇌 움직임은 생후 1시간이 매우 민감한 상태여서 기억력과 학습력이 매우 높아집니다. 불과 1시간이 엄마에 대한 기본적인 신뢰, '신뢰의 원천'을 싹트게 하는 매우 중요한 시간인 것입니다. (『마음과 신체를 강하게 하는 식육력』핫토리 유키오 지음, 매거진하우스)

즉 수유라는 행위는 모유를 먹는 갓난아이만이 아니고 모유를 주는 엄마에게도 매우 중요한 것입니다. 이러한 원칙을 무시하고 모유가 나옴에도 불구하고 인공적인 우유를 먹임으로써 부모와 자식 관계가 이상하게 되기 쉽다는 지적입니다. 모유를 줄 때 갓난아이와 엄마의 눈길 사이의 거리에도 대단히 중요한 메커니즘이 있기 때문에 이런 것을 포함해 시내 조산사助産師로 구성된 자원봉사그룹 '산파회産婆会'의 협력을 얻어 육아 상담체제를 충실히 추진하고 싶습니다.

검진 상담의 경우 18개월·3세·5세 아이의 검진 후에 상담을 필요로 하는 어린이를 대상으로 발달 전문 상담을 개설하려 합니다. 특히 시내 의료기관의 작업치료사와 언어청각사가 보육원·유치원을 방문해 시설 직원 및 보호자의 육아에 대한 조언 지도를 해주는 내용을 신규사업으로 실시하고자 합니다.

또 기존에 실시하고 있는 충치 예방 불소도포사업은 18개월 유아 검진 시에 집단으로 1회, 그 후 4세 생일 전날까지 시내의 위탁 치과병원에서 4회 등 모두 합해 5회였는데, 내년도부터는 전부 무료화하기로 했습니다. 무료 예방접종도 인플루엔자는 지금까지 생후 6개월부터 취학 전까지였던 것을 중학생까지 확대 지원함으로써 개인 부담을 덜어줄 것입니다.

정주촉진

'히라도시 이주·정주 환경정비 보조금제도'를 신설했습니다. 이 제도는 2012년 이전에 히라도 시외에 거주하던 사람 중 2015년 4월 이후 히라도시로 전입한 후 5년 이내에 주택을 취득할 경우 ①시내 건축업자를 통한 주택 신축 시 200만 엔 ②시외 건축업자를 통한 주택 신축 시 100만 엔 ③중고주택 취득 시 50만 엔을 각각 지급합니다.

또 이미 시내에 거주하는 사람도 시내 건축업자를 통해 주택을 새로이 건축할 경우 30만 엔을 지급합니다. 2015년 이후 전입 또는 정주를 목적으로 '히라도시 빈집 뱅크'에 등록된 물건을 개보수할 경우에는 50만 엔을 지원합니다. 그리고 시외에서 시내로 이사할 경우

소형 버스 출발식

20만 엔을 한도로 비용을 지원합니다. 이러한 보조금 지원제도에 65건의 신청이 있을 것으로 가정해 합계 3,200만 엔을 배정했습니다.

실제로 이 제도는 시작한 지 일주일도 지나지 않아 신청자가 나왔습니다. 첫 신청자는 구루메시久留米市에서 이사 온 치과의사 야마자키 게이스케山崎景右 씨로, 배우자와 자녀 3명을 둔 모두 5명의 가족입니다. 치과진료 동을 포함해 건축함으로써 지금까지 치과의원이 없었던 히라도시 중부지구 주민들에게 큰 환영을 받고 있는 듯합니다.

다음으로 히라도섬은 남북으로 약 45㎞로 긴 모양이고 집락이 흩어져 있기 때문에 교통약자 대책이 급선무였습니다. 그러나 노선버스는 국도와 주요 지방도로만 다니기에 지역주민, 특히 고령자에게는 매우 불편했습니다. 그래서 2015년 8월 1일부터 지자체가 운영주체가 돼 소형 버스를 구입하고 규제가 완화된 흰색 번호판 제도로 유료 운송을 시작했습니다. 여기에 필요한 3대의 버스 구입비로 1,700만 엔을 책정했습니다. 각각의 차량에는 '고향납세를 활용해 구입할 수 있었다'는 감사의 마음을 담은 메시지를 접착시트로 붙였습니다. 이 매력 있는 버스에 많은 시민들의 환영과 기쁨의 목소리가 터져 나왔습니다. 7월 27일 출발식에는 시의회 관계자와 내빈을 비롯해 운행을 위탁한 사업자와 지역주민, 그리고 보육원 아이들도 참가해 즐거운 분위기에서 테이프 커팅과 시승식을 했습니다. 이로 인해 병원에 다니거나 쇼핑 가는 것이 보다 쉬워질 것으로 기대합니다.

안심하고 안전한 생활을 지탱해주는 방재체제의 강화도 중요한 시책입니다. 시책의 하나로 초기 소화를 목적으로 설치되는 소화전 상자가 있습니다. 시내 전역에 설치돼 있는 335기를 점검한 결과 153기에서 보수가 필요한 것으로 나타나 내년도 예산에 1,800만 엔을 반영해 정비하기로 했습니다. 히라도시는 2015년 1월 26일 자로 시내 모든 자치회에서 자주방재조직이 결성될 정도로 주민 방재의식이 높습니다. 시는 이러한 의욕 있는 활동을 확실히 지원해야만 했습니다.

이상으로 고향납세 기부금으로 적립된 '야란바! 히라도지원기금'의 2015년 예산 사업에 대해 설명했습니다. 이들 사업을 추진하면서 중요하게 생각한 것은 고향납세 기부자에게 지역주민들의 감사의 마음과 아이들의 웃는 얼굴을 잘 전달하는 것이었습니다. 예를 들면 처음으로 그림책을 받은 어린이가 기뻐하는 얼굴과 노선버스가 다니지 않은 지역에 살던 고령자의 웃는 얼굴 등을 기부자 모두에게 알리고 싶었습니다. 과소 지역만의 심각한 과제를 하나씩 해결해가는 재원으로 고향납세 기부금이 큰 도움이 되고, 기부자에게는 '도움이 돼 좋았다'라는 뿌듯한 마음이 들 수 있도록 실천해가고 싶습니다. 이러한 활동이 더 나아가 내년도의 기부로도 이어질 것으로 확신합니다.

'안테나 숍' '안테나 이자카야' 등
수도권 전략 마련 ─────

히라도시 고향납세 기부자는 전국 각지에 흩어져 있는데, 그중 도쿄를 포함한 관동권이 49%(이 중 도쿄 24%)를 차지하고 있습니다. 이런 점을 고려해 앞으로 도시권에서도 히라도시를 체험할 수 있는 물산전과 관광 PR 이벤트를 개최하려고 합니다.

이런 흐름은 이미 홋카이도 관내 지자체 등에서 선진 사례가 나오고 있습니다. 히라도시는 지속적인 개선을 통해 기부액 '일본 제일'이라는 이름이 부끄럽지 않도록 의미 있는 이벤트를 기획해 도시권으로 파급효과를 확대해나갈 것입니다.

특히 수도권의 안테나 숍은 앞에서 서술한 것처럼 도쿄 이타바시구 오야마정 '해피로드 오야마 상점가'의 산지직송 가게인 '방금 수확한 마을'에서 성과를 보이고 있습니다. 또 우에노역에서 걸어서 1분 정도 거리에 '나가사키현 히라도 어항 로쿠지로六大郎'가 새로 개점했습니다. 이 점포는 지방의 6차산업 활성화를 목적으로 산·학·관 제휴로 설립된 '6차산학협동사업주식회사'가 운영하는 벤처 이자카야입니다.

경영진의 주요 멤버인 야마모토 히로키山本浩喜 씨는 국내외에 500개 이상의 대중적인 이자카야를 운영 중인데, 이 이자카야 콘셉트에 공감하는 수도권 음식업계와 IT업계의 스페셜리스트가 모여 동 회사를 설립한 것입니다. 게다가 2012년 핫토리 유키오 씨가 대표로 있는 'HATTORI 식육클럽'의 프로듀서인 야마모토 도오루山本徹 씨가 "히라도시의 식재료를 사용해보지 않겠는가"라고 제안하면서 새로운 시도가 생겨났습니다.

2014년 10월 동 회사 임원 7명이 야마모토 씨와 물산 담당 히사토미 직원의 안내로 히라도를 방문해 많은 생산자와 의견을 교환하는 기회를 가졌습니다. 이들 임원은 생산 환경과 출하, 가공 공정 등 현장을 꼼꼼히 살펴본 후 굳건한 협력하에 이자카야 점포를 개설하기로 했습니다.

안테나 숍 형태의 물산판매장은 선행 사례가 많고 각각 매력 있는 점포 운영을 통해 수도권 지역에 고향의 정보발신 기지로서 성과를 내고 있습니다. 그러나 '안테나 이자카야'라는 시도는 드문 것이었고, 문자 그대로 '술과 안주'를 비롯해 많은 지역의 식재료를 그 자리에서 먹어봄으로써 '고향 체험'을 거의 동일하게 연출할 수 있는 것이 특징입니다.

고향납세
규슈서밋 개최

2015년 7월 3~4일, 히라도시에서 '고향납세 규슈서밋 in 히라도'가 개최됐습니다. 이 서밋은 2014년 고향납세 기부액이 전국 베스트 10에 들어간 나가사키현 히라도시, 사가현 겐카이정玄海町, 미야자키현 아야정綾町과 '후루사토초이스'를 운영하는 트러스트뱅크가 주최했습니다. 그리고 사가현 오기시小城市, 후쿠오카현 후쿠치정福智町, 미야자키현 미야코노조시都城市, 오이타현 나카쓰시中津市, 가고시마현 남부 사쓰마시의 협력을 얻어 성대히 치러졌습니다. 그 결과 전국에서 70개소가 넘는 지자체 관계자와 생산자 등 총 300명 이상이 모여 뜨거운 반응을 보였습니다.

이 서밋은 고향납세에서 전국을 대표하는 규슈 TOP 3 지자체가 고향납세를 활용한 지역 활성화를 논의하는 장으로, 이 제도의 유효성을 확대하고 각각의 지역진흥을 촉진시키기 위해 마련된 것입니다. 관련 지자체 직원 간의 상호 연대를 견고히 함과 동시에 다양한 고안을 서로 소개하는 연수의 자리가 됐습니다.

또 재미있는 먹거리 이벤트에는 히라도시에서 '히라도규牛', 겐카이정에서 '사가규', 아야정에서 '미야자키규'를 제공해 이들 3대 명우의 바비큐 대회가 모래 해변 캠프장에서 열렸습니다. 당연히 고기만으로는 부족했기 때문에 겐카이정에서는 감귤·참돔을 제공했고, 아야정에서는 유기채소·포도돈豚·지역맥주 등을 제공했습니다. 히라도시도 부채새우와 히라도 나쓰카 방어 외에 얼음을 가득 채운 요리 그릇에 히라도 나쓰카 오렌지를 잘라 넣고 거기에 술을 부어 만든 산뜻한 칵테일을 선보였습니다. 다채로운 먹거리로 인해 분위기는 크게 달아올랐습니다. 다음 날에는 히라도 시내 생산자와의 교류회와 현지 시찰이 있었고 고향납세의 효과가 나타난 산업진흥 현장도 둘러봤습니다.

이러한 활동을 통해 각각의 지자체 고향납세 관계자와의 결속을 더 굳건히 다지는 한편, 이 제도를 잘 활용해 지역 활성화가 제대로 이뤄질 수 있도록 서로 협력해나갈 생각입니다.

'기부해보고 싶다'에서
'가보고 싶다' '살아보고 싶다'로 ———

고향납세제도의 본래 취지는 도시에 살고 있는 사람들과 시골의 '연결고리'를 만드는 데 있습니다. 기부에 대한 답례품은 어디까지나 그 계기에 지나지 않습니다. 앞에서 서술한 물산 전략을 포함한 '10가지 전략'도 그러한 흐름 속에서 이뤄지는 것이고, 우선은 기부를 촉진시키는 것부터 시작됩니다. 다시 말해 '기부를 해보고 싶다'는 생각을 갖게 하는 전략이 그 스타트입니다. 그다음 단계는 기부를 했더니 멋진 답례품이 배달되고 감동을 느껴 '가보고 싶다'는 마음이 들도록 하는 것이 중요합니다.

그리고 '가봤더니' 정말로 즐거운 관광지라는 것을 알게 되고 만나는 사람들과의 대화나 많은 체험을 통해 지역의 매력에 빠지게 됩니다. 그렇게 되면 '또 가볼까'라는 생각을 하게 되고, '왕래하고 싶어지는' 제2의 고향으로서의 무대 구축이 가능해집니다. 매년 정례 행사처럼 하와이 등에서 휴가를 보내는 유명인이 있습니다. 이와 동일하게 매년 가보고 싶은 히라도시를 만들어보는 것입니다. 계절별로 매력을 알려 '휴가는 매년 히라도에서 보낸다'는 것을 트렌드화하는 기획을 시민들과 함께 만들어가고 싶습니다.

그리고 매년 왕래하는 것을 당연시하며 '히라도에서 살고 싶다'라는 부분에까지 이르게 하고 싶은 게 목표입니다.

즉 진짜 지역브랜드라는 것은 특산품만을 기획하는 것이 아닙니다. 제1단계 '사보고 싶다(기부해보고 싶다)', 제2단계 '가보고 싶다', 제3단계 '왕래해보고 싶다', 제4단계 '살고 싶다'라는 각각의 단계에서 전략을 전개하고 최종 목표를 향해가는 것이 앞으로 지자체의 과제입니다. 이것을 덴쓰 아빗코電通abic project 편의 『지역 브랜드 경영』(유히카쿠출판사)이라는 저서에서 배웠습니다.

고향납세로 인해 지역 간 경쟁이 후끈 달아올라 히라도시처럼 세수가 증가한 지자체가 있는가 하면 반대로 감소한 곳도 있습니다. 일전에 규슈 최대의 도시인 후쿠오카시 담당자의 "세수가 줄어들었다. 이 제도에 위화감을 느낀다"는 한탄 섞인 목소리가 TV에서 방송됐습니다. 규슈 대부분 지자체의 과소화는 주로 후쿠오카로 진학하고 취직해서 주민을 흡수해버리는 것이 원인입니다.

옛날부터 '무사의 후쿠오카, 상인의 하카타'로 불리는 후쿠오카는 지금도 계속 번영하는 규슈의 대도시로 외국인을 포함해 많은 사람을 끌어들이고 있습니다. 후쿠오카시도 더 여유를 갖고 준비하며 기다렸으면 합니다.

앞으로 도시권 생활자는 모든 면에서 스트레스가 증가할 것으로 예상됩니다. 이에 비해 시골의 대표선수인 히라도시는 정말로 스트레스가 없는 장소입니다. 인간관계도 따뜻합니다. 또 100세 이상의 고령자가 놀랍게도 36명(2015년 8월 기준)이나 돼 모두 건강하게 생활하고 있습니다. 게다가 여성이 생애에 걸쳐 출산하는 합계출산율은 1.96(2014년)으로 전국 평균을 훨씬 웃도는 수준입니다. 모타니 고스케藻谷浩介 씨와 NHK 히로시마 취재반의 『사토야마里山 자본주의』(가도카와)에서 보여주는 것처럼 안전하고 풍요로운 생활공간이 앞으로 중요한 가치를 지니게 될 것으로 생각합니다. 그리고 사람들이 시골로 회귀하고자 하는 계기나 흐름을 만들어주는 것이 고향납세제도의 사명이자 목적이라고 확신합니다.

Part 07

'일본 제일'이 된 후
히라도시는
어떻게 달라졌나

생산자(공급자) 의욕이
2배로 증가 _____

히라도시의 고향납세 기부액이 '일본 제일'을 기록해 각종 미디어에
널리 소개된 후 가장 큰 변화는 답례품을 보내는 생산자였습니다.

기부액 합계가 일본 제일이라는 것은 자신들이 정성껏 생산한 농
산물의 평가가 '일본 제일'이 됐다는 자긍심을 줬습니다. 그래서 생산
자들은 답례품으로 출하하는 것은 가장 멋지고 더 품질 좋은 것으로
준비하는 경향이 두드러졌습니다. 과거처럼 산지와 생산자 얼굴이 보
이지 않는 형태로 출하되는 것과 달리 '자신들의 노력이 평가받는다'
는 느낌 그 자체가 그대로 생산 의욕 고취로 이어졌습니다.

한편 자녀가 후계자가 돼 고향으로 돌아온 경우와 젊은 세대가 젊
은 감성으로 새로운 상품 개발에 영향을 준 사례도 있습니다. 히라도
시의 대표적인 가마보코(어묵) 제품으로 '가와치 가마보코'가 있습니
다. 제1장에서 소개한 중국 명나라의 유신 '정성공鄭成功'이 태어난 장

소인 히라도시 가와치정에는 이 전통상품을 제조하는 사업자의 점포가 19개 정도 즐비해 있습니다.

이들은 지금까지 독자적인 판매 루트를 갖고 독보적인 경영을 해왔습니다. 그러나 2011년 히라도세토 시장의 탄생으로 모든 사업자가 처음으로 동일한 판매장에서 나란히 판매하게 됐습니다. 이웃 사업자의 진열대를 곁눈으로 관찰하면서 서로 좋은 자극을 주고받는 플러스 상승효과로 경쟁 의욕을 북돋웠습니다.

'카망베르 치즈'와 '명란젓' 등의 풍미를 가미한 가마보코 상품도 등장했습니다. 그리고 지금까지 가마보코를 만들 때 내용물을 고정하고 덮어씌워 모양을 내는 데 사용하는 '와라스보(보릿짚)'는 플라스틱 스트로를 대용품으로 사용하고 있었습니다. 그런데 이번에 진짜 보릿짚을 와라스보로 사용하고 원래 그대로의 방식으로 훈제해 구수하게 가공한 상품 등을 서로 경쟁하며 개발하게 됐습니다. 이로 인해 매출이 증가하면서 사업 가능성을 새롭게 발견했습니다. 결과적으로 '히라도 맛 비교'라는 모둠 상품이 탄생해 인기를 누리고 있습니다.

활황을 보이기 시작한 가마보코 가게들은 후계자가 나오고 도시에 나가 있던 젊은 세대가 뒤를 잇기 위해 14명이나 돌아와 모두 열심히 활약 중입니다. 매년 7월 14일에 개최되는 정성공 탄생제 전야제에는 이러한 젊은 세대가 창의적으로 고안해낸 새로운 이벤트로 '가와치 가마보코 축제'가 열립니다. 오래된 집들이 쭉 늘어선 가와치 집

가와치정의 붉은 랜턴

락은 이 축제 기간 동안 각 집의 처마 끝에 붉은 랜턴을 장식하는 연출로 이국적인 정서를 자아내며 축제 분위기를 한껏 돋웠습니다. 동일 지구의 젊은 세대가 상공회의소 청년부에도 참여함으로써 청년부 회원도 50명에서 70명으로 늘어나는 등 지역의 활력 증대가 현실화하고 있습니다.

또 새로운 카탈로그에 게재를 희망하는 의욕 있는 신규사업자도 나오기 시작했습니다. 오사카 모리구치시守口市 출신의 고바야시 노부유키小林伸行 씨는 인연이 있었던 히라도시 출신의 여성과 결혼해 오사카 시내의 레스토랑에서 배우며 경험을 쌓은 후 히라도로 이주해왔습니다. 지금은 히라도대교의 다비라 지구 쪽에서 서양풍 레스토랑과 빵집 'Pain Chiki-Chiki'를 경영하고 있습니다. 그러던 중 히라도산 밀만을 사용해 만든 빵을 답례품으로 등록했습니다. '클래식 베이글 2개' '호텔 바게트' '치아바타세사미' '채소포카치아 2개' '히라도산 통밀 식빵'으로 구성된 세트 상품은 모두 구수하게 구워내 씹으면 씹을수록 입안 가득히 밀의 풍미가 퍼지고 영양가도 높습니다.

히라도시 남부지역에서 마을 부흥을 추진 중인 난신카이南進会(대표 오지카 와타루小値賀渡, 회원 22명)도 새롭게 참여했습니다. 이 단체는 JAS(일본농림규격) 인증을 취득한 히라도 신마이真米를 천연소금물로 손질한 '어부쌀漁師米'을 고안해냈습니다. 그리고 다키코미고항(炊き込みご飯·백미에 톳 등 해조류와 신선한 생선을 넣어 지은 밥의 일종으로 한국의 영양밥과 유사-옮긴이)의 재료도 새로이 개발했습니다. 이뿐만 아니라 생선 토막을 된장에 절여 진공 팩으로 만든 '어머니의 맛'을 카탈로그에 등록했습니다. 난신카이는 건물이 낡아 사용하지 않는 어촌지역의 공민관을 새롭게 리모델링해 작업장으로 사용하고 고용을 늘리면서 다양한 상품 개발을 시도하고 있습니다.

남편이 다코쓰보蛸壺 어업으로 문어잡이를 하고 있는 다나카 기요미田中清美 씨는 스스로 문어 가공품에 도전해 '메구미야'라는 가공시설을 세웠습니다. 그리고 집에서 만든 수제 문어잡이용 항아리를 이용해 신선한 문어를 삶기 전에 천연소금으로 직접 비벼 손질한 '있는 그대로의 맛(플레인 맛)', 바질과 올리브오일을 사용한 '그린 오일맛'

그리고 '일본풍 간장맛'과 '훈제맛' 등 4종류의 양념 문어를 '행복'이라는 상품명으로 기획했습니다. 이 상품은 히라도 해산물로서는 처음으로 6차산업화 인정상품으로 카탈로그에 오르게 됐습니다.

이처럼 그동안 식품가공까지 생각하지 않았던 생산자 의식이 보다 맛있고, 보다 간단히 조리할 수 있으며, 보다 영양가 높은 안전한 상품을 생산하려는 방향으로 바뀌어갔습니다. 기존에는 어시장과 채소시장에서 중도매인과 거래함으로써 가격뿐 아니라 소비처가 다른 누군가에 의해 정해졌습니다. 이랬던 것이 생산자가 고객을 명확히 의식하도록 새롭게 바뀐 것은 고향납세액 일본 제일이라는 쾌거가 이뤄낸 효과라고 할 수 있습니다.

히라도 시민의
의식 개혁 ─────

TV와 신문에서 고향납세가 소개될 적에 '히라도시'라는 이름이 등장하는 것은 당연히 시민의 의식개혁에도 커다란 영향을 줬습니다.

지금까지는 무엇을 해도 '어차피 일본의 서쪽 끝에서 하고 있는 것에 불과하고 전국에서 평가를 해줄 리 없다'며 자포자기하는 분위기였습니다. 그러한 자신감 상실이 젊은 세대를 도시 지역으로 빠져나가게 만들었습니다. '시골에는 아무것도 없다' '시골에서는 기회가 없다' '도시로 나가 성공하는 것이 사회적 지위다'라며 지역에서 취직하는 것을 마치 '패자'처럼 표현하는 부모도 있었습니다. 이렇게 해서는 인구 감소를 도저히 멈추게 할 수가 없었습니다.

실제로 고등학교를 졸업하고 도쿄 등 관동지방으로 진학한 학생도 "출신지가 어디냐?"는 질문을 받을 경우 지금까지는 "하우스텐보스가 있는 사세보시에서 가까운 곳"이라고 대답했는데, 최근에는 "히라도시라고 말하면 바로 알아준다"며 기뻐했습니다. 이처럼 사소한 것이 즐거움과 자신감으로 이어진 것입니다.

이것은 그대로 히라도 시민의 자랑이자 참여로도 연결됐습니다. 일본 명절인 오봉(お盆·한국의 추석과 유사-옮긴이)과 오쇼가쓰(お正月·한국의 설날과 유사-옮긴이)에 귀성하는 친척이나 친구와의 대화에서도 고향납세가 화제로 자주 올랐습니다. 그렇게 고향납세 이야기가 거듭 쌓이면서 '하면 할 수 있다' '더 좋은 것을'이라는 의욕으로 나타났습니다. 무엇보다 2016년 세계유산 등록이 확실시된 '나가사키 교회군과 그리스도교 관련 유산'에 대해서도 "다음에는 교회군 관련 관광객 맞이를 확실히 하자"며 앞으로 관광 전략에 적극 협력하겠다고 신청하는 분들도 늘어났습니다.

한편 "14억 엔이 넘는 기부금의 사용처는 어디냐?"고 묻는 시민도 적지 않아 히라도시는 홍보지를 활용해 명확히 알리고 있습니다. 그리고 PTA(각 학교에 학부모와 선생님으로 구성된 조직-옮긴이)나 각 산업단체와의 의견교환회, 지역 시정간담회 등을 통해 각종 사업을 상세히 설명 중입니다. 기부금을 활용한 사업이 히라도 시민생활에 실제로 반영되면서 전국의 기부자에 대한 감사의 마음은 더욱 커졌습니다.

히라도시는 2015년부터 총무성이 실시하는 '지역부흥 협력대'라는 제도를 도입했습니다. 전국 공모를 통해 현재 7명의 젊은이가 시내에 거주하며 지역사회에 융화돼 각각의 분야에서 독자적인 능력을 발휘하고 있습니다. 나가사키현 내에서도 이 제도를 시행하는 지자체가 많아졌습니다. 이미 쓰시마시는 초기단계부터 지역부흥 협력대의 활동이 각광받고 있습니다. 히라도시가 이 제도를 도입한 타이밍은 늦은 감이 있었지만, 한꺼번에 7명을 채용해 실적 수로는 다른 지자체와 어깨를 나란히 했습니다.

그들에게 응모 동기를 묻자, "고향납세로 유명해진 히라도시에서 일하고 싶었다"는 젊은이가 많았습니다. 고향납세가 시골에서 살고 싶어 하는 젊은 세대를 유인하는 힘이 되고 있음을 확인할 수 있었습니다. 또 그들은 시·정·촌 합병 전인 옛날 시·정·촌 소학교 지역에 배정돼 그곳에서 추진 중인 '지역커뮤니티 만들기'의 서포터로 활약하고 있습니다. 그리고 행정기관이 뒷받침해주는 '결혼활동사업'을 서포트해주기도 하고 영화제작 경험이나 영상기술을 활용해 히라도시의 관광 전략에 크게 기여하는 젊은이도 있습니다.

이처럼 히라도 밖에서 데려온 젊은이들의 발상과 행동력이 히라도에서 조화로운 융합을 통해 지역주민과의 협력으로 이어져나가는 것을 기대합니다.

해외 미디어로부터도 주목받은
히라도시 고향납세

2014년 3월경부터 '고향납세 기부액' 집계가 알려지게 됐습니다. 히라도시의 '일본 제일'이 확실시됐기 때문에 후지TV계의 일요일 아침 보도 프로그램 '신보도新報道 2001'의 담당자로부터 취재 요청이 담당과로 들어왔습니다.

당초 취재 목적은 일본 제일이 된 배경을 알아보기 위한 차원에서 행정 현장과 답례품 공급을 담당하는 히라도세토 시장과 히라도 신선시장 등 생산자 인터뷰가 메인이었습니다. 그러나 디렉터도 히라도시의 자연경관과 주민의 심성에 매료됐는지 서서히 더 깊숙이 빠져

드는 모습을 느낄 수 있었습니다. 그 후에도 '히라도시가 어떻게 변화했는가'라는 관점에서 취재가 이어졌습니다.

1회 방송은 2015년 4월 5일 전파를 탔습니다. 고향납세가 정말로 지방창생의 특효약이 될지 어떨지 시금석으로서 주목을 받았습니다. 앞으로도 특집 프로그램으로 계속 방송될 것 같았습니다.

예상한 대로 보도 관계자의 취재 요청은 각 지역에서 밀려들었습니다. 놀라운 것은 국내뿐 아니라 해외에서도 주목받았다는 것입니다.

해외로부터 가장 먼저 취재 요청이 왔던 곳은 영국 '이코노미스트'지의 전화 취재였습니다. 이코노미스트는 구미를 중심으로 세계에서 160만 부를 발행하는 주간지입니다. 2015년 4월 18~24일 호의 아시아판 가운데 '일본 과소지역(Japan's rural regions)'이라는 주제로 고향납세에 관한 것이 다뤄졌습니다. 표제 제목은 'Hometown dues(고향납세)'로, 제도 창설부터 동일본 대지진에 걸쳐 전국적으로 확대된 과정이 소개됐습니다. 그 가운데서도 '가장 많이 벌어들인 1위(The biggest earner)'로서 히라도시의 이름이 언급된 것입니다. 아울러 훌륭하고 멋진 카탈로그(glossy brochure)를 통해 맛있을 것 같은 식품이 소개되고 배달되는 시스템이 기사화됐습니다.

그다음은 실제로 히라도까지 직접 출장을 와서 취재하겠다고 요청한 '뉴욕타임스'였습니다. 뉴욕타임스는 워싱턴포스트·월스트리트저널 등과 함께 미국을 대표하는 신문입니다. 미국 내는 물론이고 세계 각국에 26개 지국을 두고 있으며 과거에 몇 개의 퓰리처상을 수상하는 등 영향력 있는 신문사입니다.

뉴욕타임스 일본지국의 조너선 소부르(Jonathan Soble) 기자는 2015년 4월 15일부터 2박 3일 일정으로 히라도시에 머무르며 답례품을 공급하는 히라도세토 시장과 히라도 신선시장을 취재했습니다. 그리고 시장실을 찾아와 저도 인터뷰를 했습니다. 소부르 기자로부터 일본 제일의 실적을 올릴 수 있었던 요인과 체계 등에 대한 질문을 받았습니다. 이어서 고향납세제도의 내용과 이에 대한 비판·의문 등이 정부 내에도 있다고 지적하며, 반드시 순풍 만항滿航이 아닌 상황 속에서 앞으로의 방향성에 대한 의견을 저에게 물었습니다.

예를 들면 정부와 여당의 회의 등에서 고향납세에 대해 의문시하고 있는 핵심 포인트는,

- 본래의 조세 체계 중 '수익자 부담 원칙'에서 일탈한 점. 즉 세금을 부담하는 주민만이 행정서비스를 받을 수 있다는 조세 구조의 본질에서 벗어나 본 제도를 이용하는 사람이 이용하지 않는 사람에 비해 이득을 가져가는 불공평이 초래된다.
- 농촌 지역이 많은 시·정·촌에 비해 대도시 지역의 도도부현都道府県은 '고향'이라는 이미지가 희박해 기부금을 모으기 어렵다. 시·정·촌에 도움이 되는 제도인데 동일하게 보아 현민세에서 공제하는

것은 문제가 있지 않은가.

- 기부자가 거주하는 지자체의 경우 지자체 수입으로 되지 않는 업무를 해야 하고, 세무 작업의 번잡함과 의욕 감퇴를 초래하기 쉽다.

등을 들 수 있습니다.

게다가 '원래 기부는 무언가를 바라지 않는 숭고한 정신이 밑바탕에 깔려 있는데, 답례품을 활용해 기부금을 모으는 것은 본래의 취지에 비춰볼 때 자연스럽지 못하다' '과도한 경쟁을 부추기고 지방세라는 작은 파이(pie)를 둘러싼 다툼이 생기는 등 기초자치단체의 세무 행정이 정상에서 벗어나 일그러지고 있다'는 지적이 전국의 시장 모임에서도 서서히 흘러나왔습니다.

미디어가 각 지역의 고향납세를 취재하기 시작한 후부터 여러 지자체에서 그야말로 기부금을 모으기 위한 기발한 답례품 사례가 속속 등장했습니다. '500만 엔 기부에 와규和牛 한 마리' '소주 1년분 365병' '1일 지자체장町長 체험' '지역케이블TV 1일 캐스터' 등 어떻게 해서든 화제가 되거나 눈길을 끌기만 하면 된다는 식의 흥행거리로만 다뤄진 것들이 기억에 생생합니다.

또 환금성 높은 상품을 답례품으로 주는 지자체도 생겨났습니다. 예를 들면 인터넷 기업 DMM.com은 기업가의 출신지가 이시카와현石川県 가가시加賀市였기 때문에 가가시 고향납세 답례품으로 기부금액의 50%를 DMM 내에서 사용 가능한 'DMM 머니'로 줌으로써 일순간에 많은 기부를 모았던 적이 있습니다. 교토부京都府 미야즈시宮津市는 1,000만 엔 이상 기부자에게 750만 엔의 택지를 증정한다는 부동산 거래 등도 나왔습니다. 특히 미에현三重県 이가시伊賀市는 순금으로 제작된 50만 엔 상당의 슈리켄手裏剣이라는 전통 무기를 500만 엔 이상의 기부자에게 증정하는 플랜을 제시하는 등의 사례가 있었습니다. 총무성이 이들 지자체에 자제하도록 지도해 결국은 이뤄지지 않았습니다.

이러한 흐름에 관해서도 소부르 기자로부터 질문을 받았습니다. 저는 고향납세제도가 '서비스 쟁탈' 식으로 각 지역 간 경쟁이 심화되고 있다는 지적에 대해 그것은 그것 나름대로 인정해도 좋다고 생각합니다. 왜냐하면 지금까지 각 지자체가 공업단지를 정비해 기업을 끌어들인 것도 '기업유치 쟁탈'이고, '고용제공 서비스'라는 각 지역 간 경쟁이 있었기 때문입니다. 그 결과 각 지자체에서 현재 살던 주민이 도시 지역과 공업지대 그리고 주변 지역으로 이동해 그 격차가 자연스럽게 발생해온 것이라고 생각합니다.

동일하게 히라도시의 경우 대규모 공업단지를 정비해 기업유치 경쟁에 참가하고 싶어도 한계가 있었습니다. 지리적 여건과 기상 조건 등으로 인해 히라도시에 기업의 진출이 현실적이지 않다는 것은 앞에서 이야기했습니다.

그 때문에 우리가 보유한 농림수산업과 체험관광이라는 지역자원을 활용해보려 합니다. 지역의 매력과 가치를 알리고 지역 간 경쟁에 도전하는 고향납세제도는 히라도시와 유사한 지자체의 경우 새로운 기회가 도래한 것입니다. 다시 말해 앞으로 지자체와 주민의 관계는 '현재 살고 있으면서 세금을 지불하는 주민' '살고 있지 않으면서 세금만을 지불하는 주민'이라는 새로운 스타일이 공존하는 시대로 돼가는 것이 아닌가, 기존의 '기업유치 경쟁'에서 '주민의 마음을 사로잡는 쟁탈전'으로 변화해가는 것이 아닌가라고 생각합니다.

따라서 과도한 지역 간 경쟁이라는 이유만으로 고향납세제도 자체가 이상하다든가 그만해야 한다고 논의되는 것에 대해 위화감을 느낍니다. 원래 '고향'이라는 나름대로의 매력과 가치를 기부자에게 보여줌으로써 이를 매개로 교류와 정주로도 이어나갈 수 있다고 봅니다. 동시에 지역 특산품을 널리 알려 산업의 진흥과 지역경제를 한층 끌어올리는 지역 활성화로 이어졌으면 합니다.

이러한 기본적인 생각을 기자에게 이야기하자, 소부르 기자는 대략적인 성공의 이면과 새로운 추진에 대해 기사로 다뤘습니다. 게재된 신문 기사의 표제 타이틀은 'In Japan, You get a tax break and a side of Lobster and Beef(일본에서는 세액공제와 함께 랍스터_{부채새우를 말함}와 쇠고기가 따라온다)'로 눈길을 끄는 내용이었고, 다른 지자체와 함께 1면과 4면에서 크게 다뤄졌습니다.

히라도시의
향후 전망

더 매력 있는 관광지로

'고향납세 일본 제일'의 효과는 히라도 시민의 의식개혁은 물론 관광 사업자에게도 강한 인상을 줬습니다. 지금까지 교류해오던 국내 굴지의 여행사인 JTB규슈로부터 여름휴가 가족용 여행상품으로 '히라도에서 놀자'를 제안받았습니다.

히라도시는 나가사키현 관광지 중의 하나입니다. 그러나 나가사키시와 사세보시·운젠시雲仙市처럼 단독으로 여행 팸플릿이 제작된 경우가 없었습니다. 사세보시 하우스텐보스 주변의 지자체들에 뒤떨어져 있었고, 우레시노 온천과 다케오 온천, 도자기로 유명한 아리타有田 등 사가현 지자체들과 비교해도 한 발 뒤처져왔습니다.

지금에 와서 히라도시 단독 여행상품이 가능해진 배경에는 도로의 편리성이 영향을 줬습니다. 후쿠오카에서 가라쓰시唐津市·이마리시伊万里市를 지나 나가사키현 북쪽을 한 바퀴 휙 돌아 사세보시와 아리타를 통해 다케오시로 이어지는 자동차 전용도로 '니시규슈西九州 자동차도로(길이 150km)'가 있습니다. 이 자동차 전용도로 중 가라쓰시에서 이마리시의 미나미하타다니구치南波多谷口IC까지 개통이 되며 후쿠오카에서 히라도까지 불과 2시간 정도면 이동이 가능하게 된 것입니다. 여기에다 추가적으로 고향납세의 효과가 서서히 작용했기 때문이라고 생각합니다.

이로 인해 시청 관광 담당 직원과 히라도관광협회 담당자의 의욕이 더욱 불타올랐습니다. 앞에서 서술한 지역부흥 협력대의 한 사람인 다카오카 호쿠토高岡北斗 씨가 예전부터 해온 영화제작 경험의 영상 기술을 발휘해 새로운 형태의 '도깨비집'이 등장했습니다. 이 무대는 히라도성平戸城입니다.

에도시대의 성곽을 복원한 히라도성은 아름답기로 널리 알려져 있는데, 성을 도깨비집의 무대로 삼은 것은 히라도시가 처음이라고 생각합니다. 또 국가지정 등록문화재인 마쓰우라 사료박물관의 경우도 히라도성의 도깨비집과 동일하게 '마쓰우라 죽은 자의 영혼 박물관'이라는 유머 넘치는 이름의 간판을 내걸고 도깨비집을 연출했습니다.

한편 바다의 매력을 만끽하는 수상레저 활동으로 바나나보트·페달버기·아쿠아튜브 등이 히라도대교에서 10분 정도 떨어진 가와치 항구의 센리가하마千里ヶ浜 해수욕장에서 진행됐습니다. 이것들은 모두 JTB에서 제안한 것으로, 이 지역 나카노中野어업협동조합의 뜻에 맞춰 운영됐습니다. 이 '히라도에서 놀자!' 기획 상품에는 각각의 호

텔 숙박요금과 수상레저 활동 등에 사용할 수 있는 2,000엔의 티켓 (200엔×10장)이 포함돼 있습니다. 도깨비집은 600엔, 페달버기는 400엔, 바나나보트는 1,200엔, 아쿠아튜브는 200엔으로 이용할 수 있습니다. 여름에 막 접어든 시점에 이미 500건 넘게 신청이 몰려들었고 9월 말까지 1,500건의 신청이 들어오는 등 상상을 훨씬 뛰어넘는 반응을 보였습니다. 히라도에서의 새로운 재미는 여름 추억 만들기에 크게 공헌했다고 확신합니다.

이처럼 다양한 활동을 웅대한 무대에서 가벼운 마음으로 즐기는 것이 가능한 히라도시는 앞으로 관광전략을 더욱 적극적으로 전개해나갈 것입니다. 고향납세를 계기로 연결고리를 맺은 많은 기부자를 관광을 매개로 방문하도록 만들어 '살고 싶어지는 마을'로 발전시켜나가고 싶습니다.

계속 늘어나는 젊은이의 활약에 기대

고향납세 기부액 '일본 제일'의 효과는 관광전략과 동일하게 이주를 권유하는 측면에서도 저력을 발휘해줄 것 같습니다.

정주촉진사업에 의해 새롭게 구루메시에서 이주해온 치과의사 사례와 수년 전부터 히라도시로 U턴해 활약 중인 젊은 네트워크 등 이주 움직임이 계속 확대되고 있습니다.

어개류와 건어물을 판매하는 우오노타나魚の棚 상점가에서 라면

전문점 '멘야킨구'를 경영하는 사사키 가즈오佐々木和雄 씨는 도쿄의 일류 중화요리점에서 요리를 익혀 9년 전에 히라도시로 돌아왔습니다. 히라도시의 경우 짬뽕 전문점은 많은 편입니다. 그런데 왠지 모르겠지만 라면 전문점은 그리 많지 않습니다. 그래서 사사키 씨는 도쿄에서도 평가가 높은 라면 기술을 고향에서 꽃피우려고 창업을 한 것입니다. 돈코쓰와 날치다시의 풍미가 절묘한 조화를 자아내는 국물은 수많은 이벤트에서 주목받아 가게에 많은 팬을 끌어들였습니다. 최근에는 히라도만의 식재료를 사용한 라면 개발에도 연마를 거듭해 '부채새우 라면'과 '히라도 버섯라면' 등 히라도에 없었던 라면을 개발함으로써 가게는 그야말로 크게 번성 중입니다.

그는 뮤지션이기도 합니다. 시내외의 음악 동료들과 함께 2014년 9월 히라도대교 옆에 있는 히라도공원에서 음악 페스티벌 '히라도 DISCO'를 주최했습니다. 특설 야외무대에는 13명의 뮤지션과 일류 DJ, 그리고 5개 댄스그룹이 참가해 화려하고 에너지 넘치는 연주와 댄스를 선보였습니다. 또 행사장 내의 푸드코드에는 8개 점포가 출점해 약 400명의 방문객에게 히라도의 여름을 즐겁게 만들어줬습니다. 앞으로도 더욱 힘을 내 히라도시를 음악 중심지의 하나로 키워갈 것 같은 예감이 들었습니다.

한편 히라도시 다비라 지구의 국도 204호에서 해안가로 내려가는 지점에 오래된 전통민가古民家를 개조한 '3rd BASE Cafe'가 있습니다. 3년 전에 U턴한 리키타케 히데키力武秀樹 씨가 경영하는 카페입니다. 도쿄에서 영상 관련 일을 한 그는 동일본 대지진 이후 부흥의 자원봉사자로 참가했습니다. 그는 동북지역 사람들이 지진 피해로 제로가 된 상태에서 마을의 부흥을 만들어내는 저력에 큰 감명을 받았습니다. 그 영향으로 고향에 돌아가 활기 넘치는 마을 만들기에 공헌하고 싶어 카페를 개업한 것입니다. 그리고 마을 만들기 단체 '로컬 히로즈'를 결성했습니다. 2015년 4월에는 히라도시 남부 하이후쿠정早福町에 있는 폐교에서 '하루이치방春一番 음악제'를 기획해 포크와 블루스 등 30명 이상의 뮤지션을 초청했고, 시내·외에서 방문한 연 200명이 넘는 손님들로 붐볐습니다.

두 사람 모두 기대하지 않았던 음악을 매개로 많은 사람을 히라도로 끌어들였습니다. 그리고 지역에서 함께 공감하는 사람들을 모집해 직접 기획한 이벤트를 성공적으로 이뤄냈습니다. 히라도시가 고향납세로 유명해짐에 따라 각계각층에 자신감이 넘쳐나게 되고, 젊은 사람들이 모일 수 있는 기회나 장소가 늘어나면서 모두들 지역사회에 기여하겠다는 마음으로 힘써주고 있습니다.

리키타케 씨가 이끄는 '로컬 히로즈'의 부대표를 맡은 요시이 데쓰히로吉居哲弘 씨도 U턴한 사람 중 하나입니다. 요시이 씨는 2015년 7월에 아이스크림이나 빙과류의 일종인 젤라토(gelato) 점포를 오픈했습니다. 히라도시 고향납세의 발화점이 됐던 산지직송 히라도세토 시장의 식자재를 사용한 10종류의 젤라토를 맛볼 수 있는 'Vacca gelato(바카 젤라토)'입니다. 히라도시 남부 쓰요시정津吉町 출신의 요시이 씨는 특별지원학교의 강사 경험이 있고 호주에서도 거주한 적이 있는데, 2015년 3월 나가사키시에서 U턴해왔습니다. 같은 세대의 리키타케 씨와 의기투합해 마을 부흥을 위한 콘서트 등을 개최해왔고, 지인의 소개로 젤라토 점포 개업에 발을 내디뎠던 것입니다. 젤라토에는 히라도시 다비라 지구에 있는 시내 유일의 낙농가인 '오야마목장'의 젖소 우유를 사용하고, 시내의 농가가 재배하는 딸기와 히라도 나쓰카 오렌지, 토마토, 블루베리, 콩가루, 히라도산 천연소금 등 10종류의 재료로 맛을 낸 제품을 구비해 제공하고 있습니다. 그리고 말차 맛 제품의 찻잎은 지역의 현립 호쿠쇼北松농업고교에서 재배한 것이고, 레몬 맛 제품은 현립 히라도고교의 학생들과 함께 시험적으로 추진 중입니다.

요시이 씨는 "젊은이들과 협력해 재미있는 마을 가꾸기를 실현해보고 싶습니다. 또 거래하는 농가나 생산자를 늘려 미래 고향납세의 특전으로 만들어가는 것을 목표로 하고 있습니다"라며 의욕을 보였습니다.

히라도섬의 최북단에 있는 다노우라 지구는 제1장에서 홍법대사 구카이가 당으로 출발한 항구라고 소개했습니다. 다노우라 온천은 구카이가 곤고즈에金剛杖라는 지팡이를 짚어 용출했다는 전설이 전해짐니다. 그리고 이 지역에는 옛날부터 온천물로 병을 치료하려는 손님들로 붐빈 '다노우라 온천여관'이 있습니다. 4대째인 야마구치 다다히로山口忠洋 씨는 교토의 와쇼쿠和食 대리점에서 7년간 배우고 익힌 후 8년 전에 히라도시로 돌아와 본가의 여관업을 계승했습니다. 여관은 히라도항에서 15분 정도 거리의 북쪽에 위치하고 있습니다. 도로 정비가 충분하지 않은 해안 기슭과 접해 있어서 야마구치 씨는 손님들에게 '히라도 중에서도 깡촌이에요'라고 약간 자조 섞인 어투로 소개한다고 합니다.

그러나 매년 많은 단골고객을 맞을 정도로 인기 있는 숙박지가 된 이유는 온천 때문입니다. 냉천(冷泉·온천 성분을 포함하고 있는 섭씨 25℃ 이하의 온천수─옮긴이)이지만 피부에 좋다는 메타케이산과 철분 등이 포함돼 화상과 아토피성 피부염에 효과가 있어 온천 치료를 위해 재방문하는 고객이 많습니다.

또 교토식으로 꾸려진 맛있는 요리는 널리 정평이 나 있습니다. 히라도관광협회가 주최하는 '히라도 자연산 광어 축제'와 '히라도 천연 아라나베 축제'에도 참가해 인기 먹거리 장소로 관심을 끌었습니다. 단골 낚시고객에게는 낚아온 생선을 그 자리에서 손질해 풍성하게 대접하는 등 나름의 서비스가 인기 비결인 듯합니다.

게다가 야마구치 씨는 히라도관광협회 자원봉사 가이드 자격도 취득해 시내의 유적지 명소와 파워스폿 등을 알기 쉽게 안내해주고 있습니다. 그리고 대형 호텔의 젊은 스태프들과 연구회를 갖고 향후 관광전략에 구체적인 제언을 해주는 등 지역 인재이자 히라도 관광 활성화에 없어서는 안 될 사람입니다.

앞에서 서술했던 산업진흥에 관한 사업도 확산세를 보여 고용의 장을 넓히고 도시로 나간 젊은이의 이주와 정주를 유도할 수 있는 가능성이 계속 높아지고 있습니다.

이미 지역의 중소기업과 식료품가공업자 가운데 7건의 사업자가 설비 투자 신청을 마친 상태이고 착실하게 사업을 확장 중입니다. 창업지원제도로 추진된 '히라도 기업숙起業塾'에는 37명이 등록해 12회에 걸친 세미나를 개최하는 등 적극적인 움직임이 생겨났습니다. 그동안 히라도 시내에서 사업 확대와 창업지원을 추진해도 참가자가 모이지 않아 '피리를 불어도 춤추지 않는다'는 상태가 반복돼왔습니다. 그러던 상황이 일시에 바뀌어 활성화의 길을 보인 것 역시 '고향 납세 일본 제일'이라는 실적이 가져온 시민들의 자신감 회복의 증거이고 파급효과이기도 합니다.

지역이 활기를 띠며 매력 넘치는 공간 조성과 모일 수 있는 기회를 창출함으로써 그 에너지가 젊은 세대로 파급돼 가까운 미래에는 인구 감소를 멈출 수 있는 유효한 수단이 될 것입니다.

인구 감소 사회에서 고향납세를
제대로 인식하는 법 _____

히라도시는 매년 300명 전후의 젊은이들이 지역을 떠나 도시로 이주함에 따라 심각한 과소화로 고민에 빠져 있습니다. 그렇다고 해서 그들이 만족하는 직장이 히라도에 있지도 않습니다. 어느 지자체든 같은 고민을 안고 있어서 인구 감소 대책에 온힘을 쏟고 있는 상황입니다.

지자체가 인구 감소 없이 그 지역을 유지해야 하는 본래의 이유는 무엇일까요. 그것은 시민세를 비롯한 재원을 스스로 확보하고 집락과 시내의 거리를 북적거리게 해 자립하는 구조를 만들지 않으면 지자체 자체가 붕괴해버리기 때문입니다. 히라도시에는 현재 약 3만 3,500명이 살고 있지만 일본창성회의의 '마스다增田리포트'에 따르면 30년 후에 2만 명 정도까지 감소해 미래에 소멸도시가 될 것이라고 지적하고 있습니다.

한편 히라도시 고향납세 전체 기부자 수는 약 3만 7,000명이나 됩니다. 가령 이분들을 '새로운 시민'으로 만들 수 있다면 히라도시는 7만 명 정도의 인구규모가 될 것입니다. 그렇다고 해서 이 기부자들이 각각의 일이나 생활과 결별하고 도시의 직장과 주거지를 떠나 히라도시로 쉽게 이주할 리는 만무합니다. 히라도시 역시 기부자들이 살수 있도록 거주환경이 잘 마련돼 있는 것도 아니고, 일자리도 확보할수 없습니다.

그렇기 때문에 고향납세제도를 활용해 도시에 살고 있는 분들이 '기부만이라도 해볼까'라는 생각으로 고향과 연결고리를 갖도록 하는 것이 매우 중요하다고 생각합니다. 히라도시에 거주하는 시민이라면 당연히 히라도시의 행정서비스를 받을 권리가 있습니다. 그러나 '새로운 시민'에게는 그렇게 할 수 없기 때문에 '고향납세 답례품을 카탈로그에서 선택해주십시오'라는 형태로 제공함으로써 '세 부담의 공평성'을 지켜나가는 것입니다. 답례품은 어디까지나 기부처인 고향을 이해하는 수단이라고 할 수 있습니다. 지역에 따라서는 매력을 잘 홍보해 미래의 '거주시민'이 되도록 '연결고리'를 쌓아가는 기회가 되기도 합니다.

요컨대 '인구수치'라는 것이 무언인가라는 것입니다. 이것은 야마시타 유스케山下祐介 씨의 『지방소멸의 함정』이라는 저서에서 지적된 것인데, 인구는 주민표住民票에 등록된 숫자에 불과하고 지자체와 주민의 관계성은 별개라는 해석도 가능하다는 것입니다. 이러한 중요한 문제제기에 저도 동감합니다. 아래에 야마시타 씨의 저서 내용 중 일부를 인용합니다.

원래 지자체의 범위 지역에 지금 살고 있는 주민만이 그 지자체의 구성원일 필연성은 없다. 지자체는 특정 구역을 기초로 이뤄지지만, 구역에 거주하는 주민만이 아니라 그 구역에 다양한 형태로 관련된 여러 사람들이 참가하면 좋은 것이다. 실제로 지금은 많은 사람들이 서로 관련지어져 있다. 또 원전 폭발 피난으로 지자체의 위치조차 구역 이외로 이동함에 따라 '구역'이 지자체의 유일무이한 구성요소가 아니라는 것도 명확해졌다. 즉 지자체는 구역 그 자체가 아니고 구역을 매개로 한 집단이며, 원래 가상적인 것이다. 이 가상적인 실체를 현실적인 것으로 받아들여야 하지 않을까. (중략) 이 이중二重 주민표와 가상 지자체의 논의를 응용하면 인구 감소와 지방의 나아갈 방향에도 새로운 시야가 펼쳐져 보일 것 같은 느낌이 든다. (『지방소멸의 함정』야마시타 유스케 저, 지쿠마)

이 책에서 지적한 것처럼, 국회의원은 나가타정永田町 주변의 의원숙소 등에 '살고' 있지만 항상 마음은 '선거구'에 있습니다. 이와 동일하게 일을 위해 도시에 살고 있지만, 고향을 계속 생각하는 사람도 적지 않습니다. 이 때문에 매년 오봉과 오쇼가쓰 명절에는 어느 정도의 차량 정체와 승차율 100%가 넘는 혼란을 겪으면서도 시골로 귀성하려는 사람이 끊이지 않는 것입니다.

따라서 중요한 정치 과제인 '한 표의 격차(선거구별 유권자 수와 인구수가 다르기 때문에 선거구별 한 사람 한 사람의 한 표의 가치가 다르다는 것을 지적한 표현임-옮긴이)'를 줄이기 위해, '살고 있는 곳'의 주민표와 별도로 정말로 투표하고 싶을 정도로 관심 있는 지자체에 '유권자 등록'을 하게 한다면 어떨까요? 이렇게 되면 자신의 고향에 사는 부모와 친척을 생각하며 투표 행위에 더 관심도 갖지 않을까 생각합니다. 정말로 '납세'와 '선거권'이 '마음'과 함께 존재하는 시스템으로 된다면 어떨까요. 가령 이러한 시스템이 법 정비와 함께 도입된다면 '인구가 도시지역에 극단적으로 집중'되는 문제와 동시에 선거의 '한 표의 격차' 문제도 시정돼 과소와 저출산·고령화로 고민하는 지자체의 심정을 확실히 이해하는 정치인의 배출로도 이어질 것으로 기대합니다.

우리는 인구에 비례해 선거구별 의원정수를 조정하는 정수시정定數是正이라는 이름하에, 거주인구만이 아니고 정치인으로서 입후보하는 권리인 '피선거권'의 기회의 수까지도 도시에 빼앗기고 있습니다. 이러한 추이가 계속된다면 인구가 감소하는 선거구는 정치인도 서서히 적어지는 것을 쉽게 상상할 수 있지만, 다른 한편으론 그 선거구의 면적이 좁아지는 것은 아닙니다. 국토와 자연을 보전하는 일과 그에 따른 방재와 유지 보수 등의 공공사업에 관한 일들이 한정된 수의 정치인으로 해결 가능한 것일까요?

또 도시에 집중하는 인구에 비례해 의석을 배분했다고 해서, 경우에 따라서는 도쿄 23구의 구청장과 정령도시(政令都市·인구 50만 명 이상의 도시로 정부령에 의해 지정된 시-옮긴이)의 시장보다도 좁은 선거구에서 활동하는 것이 국회의원에 어울리는 무대일까요? 그리고 무엇보다도 유권자의 선택할 권리가 '입후보자'뿐 아니라 '선거구'도 선택할 수 있게 된다면 현저히 떨어져 고민되는 투표율 향상에도 효과가 있지 않을까요? 어찌 됐건 본래 민주주의의 중요한 참정권 행사로서 투표 의욕을 높이는 것을 포함해 인구 동태만으로 단순하게 계산되지 않는 진지한 논의가 서로 이뤄지기를 기대합니다.

아울러 앞으로도 지자체 역할로서 고향납세제도의 혜택 확대라는 제도 개선을 계기로 '마음의 연결고리'를 통한 지역으로의 회귀를 촉구하고, 진정한 의미의 지방창생에 더 적극적으로 노력하고 싶다는 결의를 새롭게 다져봅니다.

이러한 제안과 고찰의 기회를 줬던 야마시타 씨의 저서에서 커다란 감명을 받기는 했지만, 동 저서에는 고향납세제도에 대해서도 지적하는 부분이 있어 반드시 이 제도에 대한 평가가 좋은 것만은 아닙니다.

고향납세제도 보급에는 필자 자신도 협력했던 편이었기 때문에 그 정신이 지방을 지원하기 위해 시작되었다는 것은 잘 알고 있다. 하지만 결과적으로는 여기서도 지자체 간의 인구쟁탈 게임과 동일한 것이 발생하고 있으며, '고향납세'를 조금이라도 더 모으는 쪽이 이기고, 빼앗기는 쪽이 진다는 다툼이 생기고 있다. 게다가 그 승자는 대단한 승자도 아닌 것이다.

결국 이득을 얻는 것은 돈과 시간에 여유 있는 납세자뿐이다. 금전에 여유가 없는 사람들에게는 아무런 관련이 없는 이야기다. 즐거움이라는 차원에서 있어도 좋지만, 이러한 즐거움으로 교류할 수 없는 지자체에는 아무런 관련이 없는 것으로 보일 것이다. 그리고 아마도 고향납세에 참여해준 사람은 이것이 없어도 처음부터 그 지역에 협력해주고 있는 사람이든지, 혹은 역으로 이득이 되기 때문에 관계하며 지역에는 아무런 관심이 없는 사람이든지 둘 중 하나가 아닐까. (앞의 책 『지방소멸의 함정』에서)

꽤 엄격한 논평입니다만, 2015년 세제개정으로 고향납세제도 혜택 확대가 이뤄져 '돈과 시간에 여유가 없다'라는 일반 회사원 가운데도 가볍게 고향납세가 가능한 구조로 바뀌었습니다. 또 소득 확정신고라는 번잡한 절차도 기부처의 지자체가 5군데 이내라면 생략 가능합니다. '승패'의 격차도 기부처가 확대됨에 따라 해소됐습니다. 야마시타 씨도 개별 지자체가 얻는 고향납세 파이는 크지 않다는 의미에서 '대단한 승자도 아니다'라고 말하고 있기 때문에(히라도시의 경우 시민세보다도 많은 재원의 확보가 가능했기 때문에 커다란 감사의 마음을 갖고 있음) 남의 티를 트집 잡지 말고 따뜻하게 지켜봐줬으면 합니다.

무엇보다도 지역에 '관심도 없었던 사람'이 기부를 통해 연결고리가 생기면서 '관심이 있는 사람'으로 바뀌도록 만들어가는 것이 기부를 받은 지자체가 다음으로 해야 할 일입니다. 우리는 생산자와 함께 '히라도 팬'을 많이 늘려 전국으로 확대해가는 것이야말로 소멸 가능성이 있는 지자체에서 벗어나 진정한 지방창생의 길로 향하는 처방책이 될 것으로 굳게 믿고 있습니다.

- 『旅する長崎学1　キリシタン文化Ⅰ』(長崎文献社)

- 『旅する長崎学14　海の道Ⅳ　平戸・松浦西の都への道』(長崎文献社)

- 『平戸検定公式ガイドブック』(平戸観光ウエルカムガイド編　ケンホクプリント)

- 平戸市総合計画

- 平戸市農業振興計画

- 平戸市水産振興基本計画

- 平戸牛のブランド化に関するマーケティング調査報告書(長崎県立大学)

- 『地域ブランドマネジメント』(電通abic　project編　有斐閣)

- 『里山資本主義』(藻谷浩介・NHK広島取材班著　角川新書)

- 『心と身体を強くする　食育力』(服部幸應著　マガジンハウス)

- 『地方消滅の罠』(山下祐介著　ちくま新書)

리더가 책임을 지기만 하면
부하는 정말로 일을 훌륭하게 잘 해냅니다

『교황에게 쌀을 먹인 남자』(다카노 조센 지음, 고단샤)를 읽었습니다. 과소화와 고령화·인구 감소로 고민하는 지자체 공무원이 지방창생과 지역 활성화를 추진하는 자세와 구체적 '처방전'은 저 자신에게 커다란 감동과 함께 용기를 줬습니다.

특히 저서의 무대가 됐던 이시카와현 하쿠이시羽咋市에서 다카노 씨가 실천한 이념은 히라도시가 그동안 추진한 사업방식과 공통점이 있었습니다. ①결론이 나오지 않는 회의는 적극 피한다 ②속도감을 가지고 추진한다 ③철저하게 미디어를 활용한다는 점입니다. 저자이자 당사자인 다카노 씨의 말을 통해 입증됨에 따라 저에게는 커다란 자신감으로 이어졌습니다.

사업추진 과정에서 걸림돌로 작용했던 것은 공무원 세계의 독특한 특징인 '책임 소재'입니다. '만약 실패한다면 어떻게 할 것인가' '적자가 생기면 누가 책임질 것인가'라는 발언은 진중한 나이의 연배나 지식인 등에서 나오기 쉽습니다. 그런데 이러한 타입의 사람은 평론가적 성격이 강하고 실제로 무언가를 달성한 경험이 그다지 없는 경우가 많습니다.

솔직히 말하자면, 리더가 책임을 지기만 하면 부하는 정말로 일을 훌륭하게 잘 해냅니다. 예를 들어 지금은 항상 열리는 연례행사인 히라도시 최대 물산 이벤트 '히라도 가을축제(平戸くんち城下秋まつり)'는 매년 10월 셋째 주 토요일과 일요일에 개최됩니다. 이 이벤트는 약 1㎞에 이르는 상점가를 도보자 천국으로 만들어 지역의 다양한 상품과 먹거리 축전으로 펼쳐집니다. 실제로 행사가 열리면 시내·외에서 약 2만 명의 사람이 몰려들 정도로 북적거립니다. 그런데 상점가 내에는 구급병원 등이 입주해 있어 긴급 차량이 다니는 경우를 우려해 기획 단계에서 실시를 주저하는 목소리도 나왔습니다. 그러나 다행히 경찰서의 이해를 얻을 수 있었고 2010년에 개최의 목표를 이룰 수 있었습니다.

이벤트 당일 이른 아침 준비 단계부터 담당 직원을 비롯해 현장에 배치된 자원봉사 직원 모두가 긴장해서인지 온통 몸이 굳어 있었습니다. 혹시라도 있을지 모를 모든 상황을 생각하면서 엉거주춤한 자세로 밝은 표정은 찾아보기 어려웠습니다. 행사에 참여한 상점가 관계자와 개최에 냉랭했던 제3자도 팔짱을 끼고 걱정스러워하는 분위기가 역력했습니다.

그래서 저는 개최 인사말에서,

"모든 책임은 제가 집니다. 마음먹은 대로 해주십시오."

라고 호소했습니다. 그런데 좋지 않은 예감은 그대로 적중해, 실제로 구급

차의 출동 요청이 있었고 위급한 환자가 상점가에 있는 병원으로 옮겨지는 경우가 발생했습니다. 그럼에도 불구하고 이벤트 자체에는 아무런 문제가 없었고 마지막까지 순조롭고 성대히 마무리됐습니다.

행사가 모두 끝난 후 담당자를 시장실로 불러 칭찬하며 격려하자,

"시장님이 시민들 앞에서 책임을 진다고 확실하게 말씀해주셨기 때문에 그렇게 돼서는 안 된다는 생각으로 최선을 다했습니다."

담당자는 활짝 웃으며 대답해줬습니다. 다시 말해 '너의 책임으로 해라'가 아니고, '(내가) 책임을 질 테니 염려하지 말고 해라'라는 편이 훨씬 일을 잘하게 하는 것이었습니다.

다카노 씨도 농림수산과의 상사에게서 "나는 정년까지 3년 남았다. 그 사이에 무엇을 해도 좋다. 범죄 행위만 아니라면 내가 모두 책임진다"는 말을 들었고 믿음직스럽게 이해해주는 자가 있었다고 저서에 씌어 있었는데, 완전히 공감합니다.

그리고 '슈퍼 공무원'이라는 단어가 이 저서의 판매량과 더불어 최근 TV에서도 많이 다뤄졌는데, 히라도 시청의 경우도 이에 해당할 정도의 인재가 점차 각 부문에서 두각을 나타냈습니다.

이러한 인재의 공통점은 현장을 잘 알고 있고 시민에게 신뢰가 두터우며 왕성한 사명감을 지니고 있다는 것입니다. 따라서 행정조직의 관리직은 이러한 유능한 인재가 활발히 일할 수 있도록 환경을 잘 정비해주는 것이 중요하고, 스스로 잘난 체하며 나설 필요가 없습니다. 다만 정보 수집은 철저하게 하지 않으면 안 됩니다. '좋은 상사'라는 것은 '일하기 좋은

환경을 만들고, 좋아하게 하는 것'이지만, 속일 수 없는 날카로운 관찰력과 정보수집 능력을 갖추는 것이 무엇보다 중요하다고 생각합니다.

　본 책자는 트러스트뱅크 스나가 다마요 사장의 격려와 시마네현島根県 하마다시浜田市 구보타 쇼이치久保田章市 시장의 귀중한 조언 덕에 세상에 나올 수 있었습니다. 특히 상세한 자료수집과 제공을 해준 히라도시 고향납세 추진실의 구로세 게이스케 직원, 상공물산과의 히사토미 다이키 직원, 비서인 사쿠에 요시타카作江義隆 직원 이외에도 많은 직원의 아낌없는 지원이 있어서 완성할 수 있었습니다.

　펜을 놓으면서 이러한 분들과 히라도시 고향납세에 기부해주신 많은 분들에게 감사의 말씀을 드립니다. 정말로 고맙습니다.

2015년 9월 길일

구로다 나루히코黑田成彦

히라도市는 어떻게 일본 최고가 됐나

발행일	2022년 10월 31일
지은이	구로다 나루히코
옮긴이	김웅규
펴낸이	이성희
편집인	하승봉
기획·제작	농민신문사
디자인	디자인시드
인쇄	삼보아트
펴낸곳	농민신문사
출판등록	제25100-2017-000077호
주소	서울시 서대문구 독립문로 59
홈페이지	http://www.nongmin.com
전화	02-3703-6136
팩스	02-3703-6213